高等院校"十三五"重点出版社基金项目

U0267921

针对金属材料疲劳损伤的声学无损检测技术研究

李海洋　著

北京理工大学出版社
BEIJING INSTITUTE OF TECHNOLOGY PRESS

图书在版编目（CIP）数据

针对金属材料疲劳损伤的声学无损检测技术研究/李海洋著 . —北京：北京理工大学出版社，2019.5

ISBN 978 - 7 - 5682 - 5116 - 7

I. ①针… Ⅱ. ①李… Ⅲ. ①金属材料-无损检验-研究　Ⅳ. ①TG115.28

中国版本图书馆 CIP 数据核字（2017）第 319717 号

出版发行 / 北京理工大学出版社有限责任公司

社　　址 / 北京市海淀区中关村南大街 5 号

邮　　编 / 100081

电　　话 / （010）68914775（总编室）

　　　　　（010）82562903（教材售后服务热线）

　　　　　（010）68948351（其他图书服务热线）

网　　址 / http：//www.bitpress.com.cn

经　　销 / 全国各地新华书店

印　　刷 / 保定市中画美凯印刷有限公司

开　　本 / 710 毫米×1000 毫米　1/16

印　　张 / 13　　　　　　　　　　　　　　责任编辑 / 王美丽

字　　数 / 240 千字　　　　　　　　　　　文案编辑 / 孟祥雪

版　　次 / 2019 年 5 月第 1 版　2019 年 5 月第 1 次印刷　　责任校对 / 周瑞红

定　　价 / 65.00 元　　　　　　　　　　　责任印制 / 李　洋

前　　言

　　疲劳损伤是金属材料主要的失效形式，会对设备与设施的安全可靠运行造成巨大隐患，特别是航天、航空产品结构和环境复杂、新材料应用多的使用现状，给金属材料疲劳损伤的检测造成了很大困难。声学检测技术可采用多种检测方法和手段来实现金属材料早期性能退化的检测与评价，其中非线性声学、声发射和激光超声检测技术分别具有不同的优点，成为近年来无损检测行业的研究热点。

　　本书分别对非线性声学、声发射和激光超声检测技术的检测理论、检测步骤和结果分析进行了系统化的论述，采用不同的检测手段实现了循环拉伸与腐蚀拉伸载荷下金属材料早期的机械性能退化中产生的位错结构、闭合裂纹等微损伤的检测与评价。

　　全书共8章。第1章介绍了非线性声学、声发射和激光超声检测技术的研究现状和本书主要研究内容；第2章建立了粗糙接触界面的分段均匀概率模型并进行了数值计算，搭建了非线性声学平台，观测了阈值现象和高次谐波现象，测量非线性参数与加载压力之间的关系，并与理论仿真相对比；第3章介绍了非线性表面波检测方法和检测步骤，实现疲劳样品表面损伤的评价；第4章搭建了非线性混频实验平台，实现了裂纹尖端塑性区和金属材料非线性空间分布的检测；第5、6、7章搭建了疲劳实验平台和声发射检测平台，实现了金属材料拉伸疲劳和腐蚀拉伸疲劳的检测，并将两种载荷下的声信号进行对比，分析了不同载荷对金属材料性能的影响；第8章搭建了激光超声检测平台，实现了表面缺陷深度的BSCAN成像，并从时域和频域出发，分析了缺陷透射与反射声信号，以及进行了表面缺陷深度的定位分析与定量检测。

　　本书由李海洋撰写和统稿。在本书撰写过程中，史慧扬、高翠翠、李巧霞、孙川、庄佳炜、王慧娜等同学提供了部分研究资料，并起到了协助作用。金永老师对本书的撰写提出了宝贵的意见。在此，向他们表示衷心的感谢！

　　作者在写作过程中参阅了近年来的研究成果，在此向本书中出现的所有参考文献的作者以及为本书的出版付出辛勤劳动的同志表示衷心的感谢！

　　本书在撰写过程还得到了国家自然基金青年基金（No.11604304）、山西省高等学校科技创新项目、山西省面上青年基金项目（No.201701D221127）的资助，在此一并表示感谢！

　　限于作者的水平，书中难免会有不完善之处，恳请广大专家、同行予以批评指正。

著　者

目　　录

第 1 章

绪　论

1.1　无损检测技术

随着科学和工业技术的迅速发展，无损检测技术作为保障工业发展和社会发展必不可少的工具，在一定程度上反映了一个国家的工业发展水平。开展无损检测的目的包括三方面：

（1）发现材料或工件表面和内部存在的缺陷；

（2）测量工件几何特征和尺寸；

（3）测定材料或工件内部组成、结构、物理性能和状态等。

无损检测是建立在现代科学技术基础上的一门综合性、应用型学科，无损检测原理和方法来自热学、力学、声学、光学和电磁学等物理学科。无损检测的应用对象涉及材料、材料加工工程和机械工程等领域；无损检测的仪器依赖于计算机、电子仪器和信息等学科应用。无损检测是理论研究与实验科学相结合的产物，既具有高度的综合交叉性和复杂性，又具有工程性、实用性、先进性和先导性，不断随着相关学科技术的进步而发展。

1.2　金属微损伤与声学无损检测技术

金属材料的结构部件在工业生产和日常生活中十分常见。随着科学技术的迅速发展，对机械设备的质量要求也在不断提高，金属材料疲劳问题研究在工程应用中占有越来越重要的地位。金属结构部件使用过程中受到循环载荷作用，材料性能会随加载次数的增加而发生改变。金属材料的疲劳寿命一般可以分为三个阶段：早期的机械性能退化、损伤的起始和积累以及最后的断裂失效。大量实验和研究表明，金属材料早期的机械性能退化占据了疲劳寿命的大部分时间，该阶段往往伴随着材料微观性能的变化，但在材料的宏观外貌上基本没有改变。以承受循环载荷的金属材料为例，早期的机械性能退化阶段中，金属材料的晶格缺陷不断累积，在内部形成位错群，当位错群密度达到某一临界值时则会导致材料中驻留滑移带的生成。进一步对金属材料加载，材料的驻留滑移带中就会出现微裂纹、微孔等损伤，而这些微损伤在载荷作用下不断扩展和合并，直至形成宏观裂纹。由金属材料中裂纹生长的过程可知，我们可以通过检测金属材料中微观组织结构来评价其早期的机械性能退化。金属材料使用的广泛性，使对其进行安全监测显得尤为重要，本书主要对因金属材料早期的机械性能退化而出现的内部和表面的位错、滑移带、微裂纹等疲劳损伤进行研究。

超声检测技术作为重要的无损检测技术之一，具有穿透力强、能量高、方向性好等特点，能够实现多种材料的检测，包括金属材料、非金属材料、复合材料等，以及多种结构的检测，包括粘接结构、蜂窝结构等。超声波检测技术的基本原理是指利用纵波、横波、瑞利波等在被检试件中传播，遇到声阻抗不连续的界面时会发生反射、折射、散射和声速变化、能量衰减等现象，并通过接收反射、透射和散射声波，对被检试件进行几何特征测量，以及组织结构和力学性能变化的宏观检测和表征，部分超声检测方法能够精确地给出裂纹的位置、大小、深度和取向等详细信息。超声检测方法具有检测灵敏度高、检测速度较快、设备易携带、对工件的使用无影响、对人体无害等优点。

本书主要采用非线性声学、声发射以及激光超声检测技术实现对金属材料疲劳周期过程中金属材料力学性能的评价，进行非线性声学参数、声发射信号参数的提取以及对激光超声信号时域与频域的分析，并将其应用于实现金属材料微损伤的检测与评价。

1.3　非线性声学检测技术

近年来，非线性超声理论引起了众多研究者的关注，大量的理论与实验研究表明，非线性超声特征参数对材料早期力学性能退化、早期疲劳损伤等较为敏感。研究者们利用非线性超声检测金属材料疲劳损伤，确定非线性超声特征参数与金属材料疲劳损伤的定量关系。因此，使用非线性超声检测与评估金属构件疲劳损伤成为众多研究者关注的焦点。

材料疲劳寿命早期性能退化引起的介质不均匀和微缺陷的主要特点是：缺陷尺寸微小，与周围介质的声阻抗差别很小，以至于超声波的反射和散射信号很微弱，传统超声无损检测技术对固体材料中微损伤和微缺陷不敏感，很难对被检试件早期性能退化实现有效的检测。与此相反的是，非线性超声检测与评价技术利用有限振幅超声波与材料中微缺陷所引起的介质不连续和不均匀相互作用产生强烈的非线性效应，实现对材料中微缺陷的检测。非线性超声检测与评价技术通常需要对非线性响应信号进行频谱分析，提取信号的频率信息，得到非线性参数，然后对材料机械性能进行评价。图 1.1 所示为表征材料中检测缺陷尺寸的各种有损和无损方法。

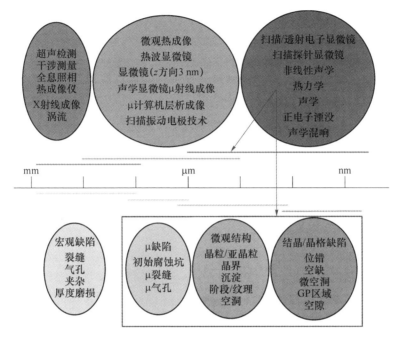

图 1.1 表征材料中检测缺陷尺寸的各种有损和无损方法

1.3.1 闭合裂纹的非线性声学现象

材料闭合裂纹指的是宏观裂纹或微观裂纹在外部负载或内部应力作用下，裂纹两侧粗糙表面的粗糙峰相互啮合，紧密接触，以致声波几乎完全穿透裂纹，裂纹接触界面处的反射和散射声波信号十分微弱，并且界面只有在施加一定的拉应力时才能完全张开，从而导致回波信号受到系统噪声的影响，使超声检测的可靠性降低。材料内部应力的作用，使闭合裂纹界面的张口位移是波长的 10^{-3} 倍数量级以下，此时传统超声检测技术对其不敏感，无法对含有闭合裂纹的材料性能实现检测，导致检测失败。本书基于接触声学理论，采用二次谐波方法和阈值现象，对闭合裂纹抽象成的粗糙接触界面进行研究。

对于接触声学非线性的理论研究，意大利的 Delsanto 等基于接触界面的局部物理特征，提出了一种利用张量表征超声传播过程中接触界面性质的弹簧模型；俄罗斯的 Solodov 等利用分段函数描述了接触界面处的应力-应变非对称关系，并且数值计算了接触界面初始应变对声波的非线性调制作用，发现在非线性响应信号的频域中出现了二次谐波、三次谐波等谐波分量，并且其幅值大小与接触界面的初始应变大小有关；瑞典的 Pecorari 在 Baik 和 Thompson 准静态模型的基础上，利用 GreenWood 建立的粗糙表面微观几何表达解析式，假设入射声波波长远大于粗糙接触界面微观几何尺寸，建立了粗糙接触界面的非线性弹簧模型，并使用微扰法求解得到二次谐波分量和基波分量的解析表达式；法国的 Gusev 研究了超声作用下接触界面的迟滞现象，得到了含有效作用力的非线性波动方程，分别在低频和高频情况下分析接触界面的迟滞现象；李海洋建立了粗糙接触界面的分段均匀概念函数模型，用于观测界面的非线性与界面压力之间的关系；日本的 Ohara 搭建了观测次谐波现象的实验平台，结果表明金属铝材料试件中的闭合裂纹与入射声波相互作用，非线性响应信号会产生频率低于入射声波频率的次谐波分量，并且其幅值变化与外加负载大小有关。

　　本书第 2 章围绕闭合裂纹的接触声学非线性现象建立了界面处劲度系数的分段函数模型，搭建了非线性声学检测平台，观测了粗糙接触界面二次谐波与阈值效应的非线性声学现象，并测量了表面粗糙度与加载压力之间的关系，实现了理论模型的验证。

1.3.2　非线性表面波检测技术

　　固体的经典声学非线性主要来源于材料的晶体畸变和晶格的非简谐性等固有物理非线性，具有分布性的特点，由其引起的非线性超声响应随着传播距离的增加而累积，主要表现为超声波频谱中出现的谐波成分，这属于经典声学非线性范畴。经典声学非线性根据不同的入射波型，采用了不同的激励和接收实验平台。最为常见的非线性超声检测方法采用纵波穿透法，基本原理是：发射和接收的声波信号为纵波，通过观测回波信号频谱中二次谐波分量，计算非线性参数大小，从而实现待测样品材料属性和损伤情况的评价，实验原理如图 1.2 所示。若激励信号的能量足够大，会接收到三次谐波分量，甚至更高次谐波分量。

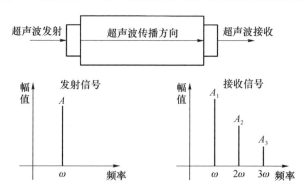

图 1.2　纵波穿透法的实验原理

　　基于纵波穿透法的非线性超声检测技术，只能实现待测样品中内部缺陷的检测和评价，而对于分布在样品表面的损伤无能为力。纵波穿透法需要将发射换能器和接收换能器放置在样品两侧，以使声波在样品内部传播，进而实现内部缺陷检测和评价，而对于样品的缺陷是无法检测的。

　　瑞利（Rayleigh）波是一种由纵波和横波叠加产生的波，具有可以在光滑曲面传播而不发生反射、能量主要集中在结构表面、衰减程度比较小和传播距离比较远等优点，可实现样品表面缺陷的检测。瑞利波主要针对的是大型复杂的板状结构的非线性检测，测量过程简便易行。瑞利波的原理如图 1.3 所示。

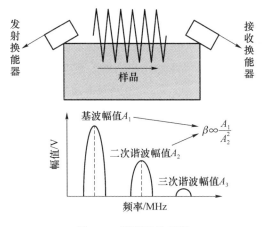

图 1.3　瑞利波的原理

　　关于非线性瑞利波检测方法的研究，颜丙生等提出了直接激发和接收瑞利波的方法，检测了镁合金厚板的表面疲劳损伤；税国双等利用 Ritec-SNAP-0.25-7-G2 非线性超声检测系统激发和接收瑞利波，对存在表面涂层的 AZ31 镁铝合金试件进行不同的拉伸载荷作用后进行非线性超声检测，建立了基于二次谐波的相对非线性系数与应力之间的关系，实现了对金属表面涂层损伤的非线性超声检测；李海洋利用非线性瑞利波实现了腐蚀疲劳钢材表面损伤的检测与评价，建立了不同浓度腐蚀液、不同疲劳周期数下非线性声学参数变化趋势，发现了腐蚀液浓度越高，非线性声学系数越大，且非线性声学系数随着疲劳周期数增大而增大；Herrmann 等设计了合理的实验步骤，评价了镍合金材料样品的高温损伤；Walker 等对 A36 钢材低周疲劳的塑性形变进行了检测；Shui 等利用直接激发瑞利波、激光干涉仪采集声信号的方法，测量了材料的非线性声学特性；高翠翠等提出了一种非线性瑞利波的检测方法，并对钢腐蚀疲劳损伤进行了检测和评价。

　　本书第 3 章围绕非线性表面波用于金属疲劳损伤的检测与评价，搭建了金属疲劳实验装置，制作了数块表面疲劳损伤的实验样品；搭建了非线性表面波检测平台，实现了非线性声学参数的提取与计算，从而建立了加载周期数与非线性参数之间的关系，实现了金属材料表面疲劳损伤的检测与评价。

1.3.3　非线性混频技术

两列频率分别为 f_1、f_2 的声波在固体材料中相互作用会产生频率为 f_1+f_2 或 f_1-f_2 的混频信号，并且信号幅值与材料的三阶弹性常数有关，这种非线性声学现象称为非线性混频现象。由于非线性混频现象只与两列声波相互作用的区域有关，因此利用这种非线性声学现象可以实现对材料内部非线性参数的定位与测量。此外，非线性混频现象产生的混频信号与入射声波具有不同的声波类型和频率，与二次谐波法相比较，该方法能够有效抑制实验系统非线性对测量结果的影响。如果介质是连续的，那么当两列波相遇时，满足线性叠加原理，不会产生新的频率分量，如图 1.4（a）所示；如果介质有不连续性，即存在非线性区域，那么当两列波在该区域相遇时，将发生相互作用，产生两列波的耦合项，在频域中会观察到新的频率分量，如图 1.4（b）所示。

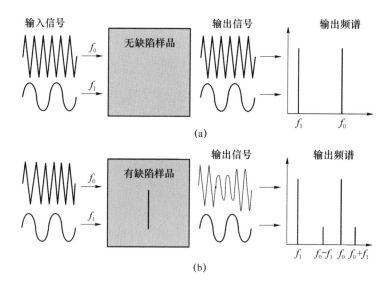

图 1.4　混频现象

（a）波束无混叠现象；（b）波束混叠现象

近年来，非线性混频现象，因具有频率改变、空间选择、波型转换的优点而受到人们越来越多的关注。1962 年，美国的 Jones 和 Kobett 对两列声波在各向同性的固体介质中发生非线性作用情况进行求解，并给出了入射声波需要满足的共振条件。2013 年，荷兰的 Korneev 和 Demčenko 在《美国声学学报》发表了一篇文章，针对两列声波的非线性作用情况不仅给出了入射声波频率需要满足的共振条件，还详细分析了入射声波需要满足的偏振条件，并且数值计算了混频信号的声场情况。2015 年 Demčenko 等又进一步给出了两列声波在不满足共振条件时，远场处声波能量的分布。

关于非线性共线混频技术，Li 等研究表明，对于检测材料疲劳位置的可行性，非线性混频方法比二次谐波方法更具有可靠性和灵敏度；Chen 等推导了能够产生混合波的充分必要条件，获得了共轴情况下相应的混合波的解析解，并最终用数值模拟和实验测量的方法验证了同向混合波方法的理论解的正确性；Tang 等采用非线性共线混频方法，通过设置不同的延时，实现了金属材料塑性应变分布的测量；焦敬品等给出了一种基于波束混叠效应的双谱分析系统非线性识别方法，通过对检测信号的双谱分析，从接收信号中提取出微弱的混频信号，很好地反映了系统的非线性特征，也使检测结果更加直观；赵友选采用共轴同向混频法和共轴反向混频法，实现了对含微裂纹结构的非线性超声检测；Li 等用非线性混频方法研究了裂纹尖端的塑性区，并证明了在裂纹尖端塑性区用非线性混频方法检测的可行性。

本书第 4 章开展了非线性混频方法用于闭合裂纹尖端塑性区以及工件内部非线性空间分布测量的可行性研究，搭建了非线性混频实验平台，观测了非线性混频现象，通过移动发射换能器的相对位置，实现了待测工件中测量位置的改变，进而实现了定位检测，最终得到了闭合裂纹尖端塑性区以及工件内部的非线性空间分布。

1.4 声发射检测技术

1.4.1 声发射现象

金属材料或金属构件在受到外界应力时，会发生断裂、弯曲和裂纹等形变，内部累积的能量以瞬态弹性波形式释放出应力应变能的现象就被称为声发射现象，又称为应力波微振动等。声发射波的频率范围很宽，从数赫兹到数兆赫兹；其幅度从微观的位错运动到大规模宏观断裂，在很大范围内变化，按传感器的输出可包括数微伏到数百毫伏。现实生活中，很多材料的声发射信号强度很弱，所以需要借助灵敏的传感器和精密的电子仪器才能检测出来。声发射技术检测原理如图 1.5 所示，声发射源发出的弹性波，经介质传播到达被检物体表面，引起表面的机械振动，传感器将声发射源产生的瞬态弹性波转换为电信号，电信号再经由前置放大器对信号进行放大，声发射采集系统将模拟信号转化为数字信号处理后，被声发射仪器接收，形成其特性参数，并被用于记录、显示和分析，最后，经数据的独有的特征解释，评定出声发射源的特性。在工程应用中，借助声发射传感器探测、记录、分析声发射信号并利用声发射信号推断声发射源的技术称为声发射技术。

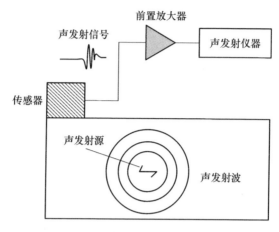

图 1.5　声发射技术检测原理

1.4.2　国内外研究现状

早期的声发射技术应用可追溯到公元前 6500 年，古人在制陶时用听窑炉陶器凝固过程中发出的声音来判断制造的陶器是否完好。而直到 20 世纪人们才开始用专用的仪器研究声发射现象。现代声发射技术起始于德国的 Kaiser 在 20 世纪 50 年代初在他的博士论文中所做的研究工作。他对多种金属材料的声发射现象进行了详细的研究，发现铜、锌、铝、铅、锡、黄铜、铸铁和钢等金属和合金在形变过程中都会伴有声发射现象，并且发现了材料在形变过程中声发射的不可逆效应，即材料被重新加载期间，在应力值达到上次加载最大应力之前不产生声发射信号。如今，人们称这种不可逆效应为"Kaiser 效应"，这一效应在工业中得到了广泛的应用，成为声发射检测技术的依据，从而奠定了声发射检测技术的基础。

在 20 世纪 50 年代末和 60 年代，美国和日本的很多声发射工作者在实验室里做了大量工作，研究了各种材料声发射源的物理机制。1954 年，Schofield 将声发射技术应用于工程材料的无损检测材料领域；在 20 世纪 60 年代初，Green 等首先开始了声发射技术在无损检测领域方面的应用，把声发射技术成功地用于压力容器、固体发动机壳体，核反应堆的冷却液泄漏等的检测；1964 年，美国通用动力公司把声发射技术用于北极星导弹壳体的水压实验，标志着声发射技术开始进入生产现场应用的新阶段。

20 世纪 80 年代初，随着对声发射研究程度的不断深入和研究范围的不断扩展，声发射仪器也进一步向现代化靠拢。美国 PAC 公司将现代微处理计算机技术引入声发射检测系统，通过微处理计算机控制，可以对被检测构件进行实时声发射源定位监测和数据分析显示。在此阶段，声发射检测技术在金属和玻璃钢压力容器、管道等重要领域进入工业化应用。据 Drouillard 统计，到 1986 年年底，世界上发表的有关声发射的论文总数已超过 5 000 篇。

进入 21 世纪，声发射检测技术出现了新的特点。声发射检测向检测自动化、图像化、计算机化发展的同时，也出现了更加专业化、细分化的特点。PAC 公司开发了专用声发射系统（TurbinePAC），它用于运营电厂的汽轮机组中蜗轮、蜗杆系统等的检测，还用于核电站脱落与松动部件及泄漏评估系统的松动部件的检测。

我国于 20 世纪 70 年代初引进声发射技术，当时正是我国断裂力学发展的高峰，人们希望利用声发射技术预报和测量裂纹的开裂点。其中，航空部 621 所、623 所、成都飞机公司、航天四院等先后引进了美国 Dunegan 公司 1032D 32 通道的源定位声发射检测与信号处理分析系统，用于飞机和压力容器的检测。随后，冶金部武汉安全环保研究院、大庆石油学院、航天部 44 所和石油大学等众多单位相继从 PAC 引进先进的 SPARTAN 和 LOCAN 等型号的声发射仪器，开展了压力容器、飞机、金属材料、复合材料和岩石的检测应用。据估计，我国目前有 60 多个科研院所、大专院校和专业检验单位在各个部门和领域从事声发射技术的研究、检测应用、仪器开发、制造和销售等工作。

1.4.3　信号处理方法研究现状

声发射信号处理技术的发展历程可分为：常规信号处理技术和新型信号处理技术，而常规处理技术又包括特征参数分析和波形分析技术。新型信号处理技术主要包括小波、统计学习理论、现代谱分析等。声发射信号处理所用的技术涉及的方面十分广泛，其处理手段和方法多种多样，它可以用最简单的幅度、有效值作为分析参数，也可以是一个由大量神经元广泛互连组成的神经网络分析系统或专家系统。在声发射信号处理技术发展的初期，用得更多的是参数分析方法。

早在 1962 年，Green 等就通过分析火箭发动机玻璃钢壳体加压实验时的声发射信号能量、幅度、频率等参数，成功地得到了实验过程裂纹的萌生及扩展情况。Egle 等描述了声发射源发出的纵波和弯曲波的幅度和能量，并且估算了弯曲波部分的能量与纵波是二阶关系。Jeong 等用小波研究了在复合材料中板波的传播特性。Elforjani M. 等指出，信号的能量水平与轴承缺陷的产生与形成有明显联系：采用能量分析、频谱分析、连续小波变换等多种信号处理方法，并利用声发射技术可以检测裂纹的出现与扩展，还可以确定轴承上缺陷的尺寸。

在声发射信号处理方面，我国的学者取得了丰富的研究成果。张颖等利用声发射技术对工作状态下滚动轴承的外圈、内圈及滚子进行检测研究，获取了不同类型故障的特征频率与 AE 累积撞击数间的关系，此结果可用于区分不同类型的故障特征。曲戈等提出一种对风力机叶片裂纹声发射信号进行模式识别的方法，并依照叶片裂纹声发射参数分析的数值特点确定 BP 神经网络，用选定的网络对叶片裂纹阶段进行模式识别，以判断裂纹的危害程度。

本书第 5～7 章开展了声发射技术对金属材料拉伸疲劳和腐蚀疲劳载荷作用的声发射信号特征分析和参数提取研究，搭建了拉伸疲劳实验平台，设计了腐蚀疲劳实验，并采用频谱分析法、小波分析法和声发射特征参数法，分析了疲劳频率、载荷大小、腐蚀浓度等因素对声发射信号幅值、持续时间等参数的影响，建立了疲劳载荷周期数与声发射信号参数之间的关系，验证了声发射技术用于金属材料疲劳损伤评价的可行性。

1.5　激光超声检测技术

激光超声是采用高能量脉冲激光照射在物体表面上，造成瞬时局部温度梯度，进而在物体表面以及内部形成超声波。激光超声检测技术可以同时激发横波、纵波、表面波等多种波型，能够有效实现待测样品表面和内部缺陷检测与评价。激光激发超声的思想最早由 White 和 Askarian 在 1963 年提出，经过多年发展，特别是随着近年来激光、电子、计算机等相关学科的发展，激光超声已经在一些工业领域得到检测应用。基于激光超声原理，激光超声检测技术具有非接触、波型丰富和超声波频率宽的优点，相对于电磁学等其他检测方法，已经成为近年来无损检测技术的研究热点。

表面缺陷的检测与定位：

对于激光超声技术应用于表面缺陷的定量分析研究，国内外取得了定量的研究成果。针对表面缺陷的检测，主要采用声表面波作为检测波型。声表面波具有无色散、不易衰减等特征，在其传播过程中遇到表面或近表面缺陷时，会发生反射与透射现象，并沿物体表面返回。利用声表面波与缺陷相互作用的物理特性，可以实现表面或亚表面缺陷检测。李海洋等通过激光超声技术对金属表面裂纹角度进行检测。张颖志从数值模拟和实验两方面展开对激光超声技术应用于金属表面缺陷检测的研究，分析了激光参数对超声场的影响及激光超声与带表面缺陷的铝板材料的相互作用。L'Etang 等采用有限元方法分析了激光激发声表面波的传播特性。Irene 等介绍了采用扫描激光源的方法检测金属材料表面缺陷的模型，并分析了该方法检测大小缺陷的精确度。倪辰荫采用扫描激光源法分析了激光激发的声表面波用于金属表面裂纹的研究。王敬时等采用有限元方法建立了激光激发声表面波的理论模型，研究了被激发宽带声表面波在具有表面微裂纹缺陷金属材料上的传播特性，对具有不同形状的表面缺陷模型进行了数值分析。Ruiz 等讨论了激光声表面波在表面处理材料上由于应力引起的传播色散。

本书第 8 章围绕激光超声检测技术在表面缺陷深度的定量分析的应用，开展了激光超声实验平台的搭建、激光超声热弹原理的分析，分别采用点聚焦和线聚焦方式，结合激光干涉接收方法，通过反射法和透射法实现了工件粘接层厚度的检测，并结合时域和频域分析法，完成了表面缺陷处声波传播特性的分析和深度的定量检测。

1.6　本书主要内容

综上所述，本书主要研究对象是金属材料早期力学性能退化产生的微损伤；本书采用的检测手段包括：非线性声学技术、声发射技术和激光超声检测技术。基于理论分析和实验手段，主要内容包括：

（1）研究了包括二次谐波现象、阈值现象、混频现象等非线性声学现象的理论，建立了针对闭合裂纹的分段均匀概率函数，分析了混频现象发生的共振条件；搭建了非线性声学检测平台，实现了粗糙接触界面的粗糙度与加载压力之间关系的检测、金属材料表面疲劳损伤的评价以及闭合裂纹塑性区和工件内部空间非线性的测量与定位。

（2）研究了声发射技术的理论，搭建了疲劳实验平台，设计了腐蚀疲劳实验方案，制作了数块拉伸疲劳和腐蚀疲劳的实验样品，观测了疲劳过程中声发射现象，对采集的声发射信号进行时域与频域分析，提取幅度、持续时间、振铃次数以及高频与低频分量的分布等参数，建立了疲劳周期数与声发射参数之间的关系，探索了声发射技术用于金属疲劳检测与评价的可行性。

（3）开展了激光超声热弹效应的理论分析，采用有限元方法数值计算了激光作用点处样品表面温度场的分布；搭建了激光超声检测平台，并结合实验平台的自动扫查功能，实现了待测样品的 B-SCAN 成像，进而采用激光超声表面波方法，通过频谱分析实现了金属表面缺陷的定位检测与定量分析。

第 2 章
针对闭合裂纹的非线性声学检测技术

闭合裂纹是金属材料疲劳寿命中较为严重的损伤，初始状态受到内部应力作用处于闭合状态，声波传播至此处时，直接穿透裂纹继续传播，导致超声检测方法用于闭合裂纹的检测是失败的。非线性声学现象是采用有限幅度声波与材料中损伤相互作用，能够产生如阈值现象、谐波现象等的非线性声学现象。采用非线性声学现象实现待测物体性能评价的方法称为非线性检测方法。本章主要内容包括：超声检测技术、非线性声学技术发展、闭合裂纹的非线性声学现象和理论研究。

本章的研究内容从闭合裂纹实际的物理特性出发，主要包括：初始状态、界面微观几何特性、界面精度系数的非对称性质、基于 Hertz 弹性接触理论以及缺陷的物理特征参数的数学描述，建立物理模型，进行数值计算，通过分析闭合裂纹与超声波相互作用的非线性响应形式，为闭合裂纹非线性超声检测提供理论依据。为了简化问题和降低研究难度，我们将闭合裂纹抽象为无限长的粗糙接触界面，忽略裂纹尖端处对非线性声学现象的影响。

本章搭建了检测粗糙接触界面的实验平台，观测了闭合裂纹的阈值现象、高次谐波现象等非线性声学现象，对界面粗糙度、加载压力大小等加载参数对接触声学非线性造成的影响进行了分析，并与数值仿真结果进行了对比。

2.1 表面相对运动与界面劲度系数之间的关系

材料中闭合裂纹的两侧粗糙表面形成的接触界面会造成介质不连续。当具有足够大能量时，声波传播引起的机械振动产生的拉应力与压应力能够克服闭合裂纹处材料的内部应力作用，会导致闭合裂纹两侧粗糙表面发生"张开"与"闭合"相对运动，这种运动叫作"拍"效应，或者"呼吸"效应，具体如图 2.1 所示。

在闭合裂纹的"拍"效应中，两侧表面的距离必然会发生改变。接触界面的距离发生改变时，接触界面的劲度系数也会随之改变。在闭合裂纹两侧表面相应的运动状态内，界面劲度系数是不相同的，由此造成了劲度系数的非对称性。透射声波受到界面劲度系数非对称性的调制作用后，就会导致声波时域波形的畸变，进而在频域中产生新的频率分量。

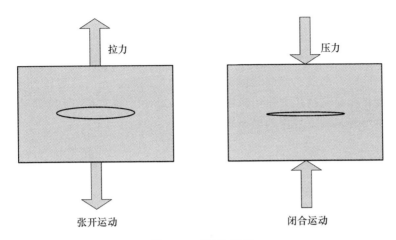

图 2.1 "拍"效应

由于入射声波是周期信号，故在固体介质中引起的机械振动也是周期性的。这种周期性的振动传播到闭合裂纹粗糙接触界面处，两侧表面受到拉应力与压应力的作用，同样也会发生周期性的"张开"与"闭合"运动，而且界面相对运动的周期与入射声波周期是相同的。

假设入射声波是单一频率的正弦波信号，那么接触界面的劲度系数变化可以用图 2.2 表示。

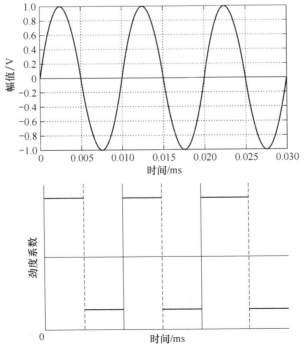

图 2.2 劲度系数变化的示意图

正弦波信号在介质中形成周期交替的拉应力-压应力会导致接触界面劲度系数的不连续性。图 2.2 中正弦波的相位变化范围分为（0，π）和（π，2π）两个区间，而在不同区间范围内声波传播对接触界面作用力不同，会引起接触界面运动状态发生改变。劲度系数随载荷增加而增加，因此在界面受到压力作用时，劲度系数增大；界面受到拉力作用时，劲度系数减小。本文利用简单的周期性分段函数来描述声波驱动下界面劲度系数的变化。

2.2　接触声学非线性

接触声学非线性研究的是接触界面处界面劲度系数的非对称性质以及表面粗糙微观几何特性对声波的非线性调制作用，具有更强烈的非线性声学现象，如高次谐波、次谐波、阈值现象等。接触声学非线性的产生是接触界面多个物理特征参数共同作用的结果，是一个十分复杂的问题。很多研究者针对接触界面对声波传播的调制作用做出理论推导。下面首先介绍 Kim 使用接触界面的非线性劲度系数模型对一维声波传播的求解情况。假设入射声波波长远大于粗糙界面的粗糙度，忽略表面粗糙峰对声波的散射作用，并且构成接触界面的固体介质是均匀的，也就是透射声波的非线性来源于接触界面对声波传播的调制作用，求解接触界面对声波的非线性调制作用的具体步骤如下。

接触界面初始受到压力 p_0 作用，一列声波入射至接触界面处发生反射和透射现象，其中 u_{in} 表示入射声波位移大小，u_{ref} 表示反射声波位移大小，u_{tra} 表示透射声波位移大小，坐标系原点位置如图 2.3 所示。为了简化问题，这里只考虑声波传播的一维情况，声波波动方程如下：

$$\rho \frac{\partial^2 u}{\partial t^2} = \frac{\partial \sigma}{\partial x}, \ \sigma + p_0 = E \frac{\partial u}{\partial x} \tag{2.1}$$

式中，$u(x,t)$ 是声波传播方向位移；$\sigma(x,t)$ 是应力大小，ρ 是介质密度。

在图 2.3 中，$u(0^-,t)$ 是原点左侧质点振动位移大小，$u(0^+,t)$ 是原点右侧质点振动位移大小。入射声波作用在闭合裂纹处，引起接触界面的振动位移表达式如下：

$$u(x,t) = \begin{cases} u_{in}(x-ct) + u_{ref}(x+ct), x < 0^- \\ u_{tra}(x-ct), x > 0^+ \end{cases} \tag{2.2}$$

式中，$c = (E/\rho)^{1/2}$ 是声波传播速度；E 是材料的杨氏模量。

假设接触界面满足弹性边界条件，即声波传播到接触界面处，接触界面两侧应力连续，位移不连续，那么有如下表达式：

$$\sigma(0^+,t) = \sigma(0^-,t)$$
$$\delta(t) = \delta_0 + u(0^+,t) - u(0^-,t)$$

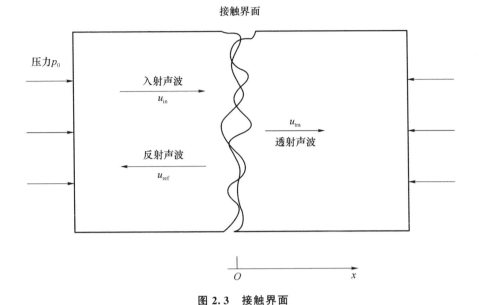

图 2.3　接触界面

式中，δ_0 是接触界面初始时两侧表面的张开位移，$\delta(t)$ 是接触界面某时刻两侧表面的张开位移。

声波的传播会引起接触界面处载荷变化，而载荷是关于接触界面张开位移的函数，可表示为 $p[\delta(t)]$。忽略界面劲度系数的高阶非线性项，得到界面载荷的表达式如下：

$$p[\delta(t)] = p(\delta_0 + x) = p_0 - K_1 x + K_2 x^2 \tag{2.3}$$

式中，$K_1 = -\dfrac{\partial p_0}{\partial \delta}\bigg|_{\delta = \delta_0}$ 是劲度系数的线性部分；$K_2 = \dfrac{1}{2}\dfrac{\partial^2 p_0}{\partial \delta^2}\bigg|_{\delta = \delta_0}$ 是劲度系数的非线性部分。

假设入射声波形式为 $u_{in}(x,t) = A\cos(kx - \omega t)$，$A$ 是幅值，声波波束为 $k = w/c$，联立式（2.1）、式（2.2）和式（2.3），可得到接触界面处关于张开位移大小的非线性声波运动方程为：

$$\ddot{x} + \frac{2K_1}{\rho c} x - \frac{2K_2}{\rho c} x^2 = 2A\sin(\omega t) \tag{2.4}$$

然后，利用微扰法对式（2.4）进行求解。假设式（2.4）解的形式为：

$$x = x_0 + x_1 \tag{2.5}$$

且满足 $x_1 \ll x_0$，则式（2.5）可改写成两部分，具体如下：

$$\ddot{x}_0 + \frac{2K_1}{\rho c} x_0 - \frac{2K_2}{\rho c} x_0^2 = 2A\sin(\omega t) \tag{2.6}$$

$$\ddot{x}_1 + \frac{2K_1}{\rho c} x_1 - \frac{2K_2}{\rho c} x_1^2 = x_0 \tag{2.7}$$

由式（2.6）可求出解的一阶项，由式（2.7）可求出解的二阶项，再由式（2.5）可求出近似解，进而得到粗糙接触界面处透射声波位移，表达为：

$$u_{tra}(x,t) = \frac{K_2 A^2}{K_1[1 + 4K_1^2/(\rho c\omega)^2]} + \frac{2K_1 A}{\rho c\omega \sqrt{1 + 4K_1^2/(\rho c\omega)^2}}\cos(\omega t - kx - \delta_1) -$$

$$\frac{K_2 A^2}{\rho c\omega[1 + 4K_1^2/(\rho c\omega)^2]\sqrt{1 + 4K_1^2/(\rho c\omega)^2}}\sin(2\omega t - 2kx - 2\delta_1 + \delta_2)$$

$$(2.8)$$

式中，$\delta_1 = \arctan[(\rho c\omega)/(2K_1)]$；$\delta_2 = \arctan[K_1/(\rho c\omega)]$。

由式（2.8）可知，透射声波位移表达式可以分为三部分：第一部分是直流分量，该部分与接触界面劲度系数的线性部分和非线性部分有关；第二部分是基波分量，该部分只与接触界面劲度系数的线性部分有关；第三部分是二次谐波分量，该部分与接触界面劲度系数的线性部分与非线性部分有关。由此可见，接触界面的非线性声学效应是由界面劲度系数的非线性部分造成的。此外，还可以看出非线性声学信号幅值与入射声波信号幅值有关。

以上分析的理论模型，因为考虑了接触界面劲度系数的非线性部分，故得到了接触界面与声波相互作用的非线性声波信号位移表达式。但是，该模型没有具体分析粗糙表面微观几何特征对非线性声学现象的影响。

分段均匀概率模型：

实际分布在固体介质中的闭合裂纹具有三个重要的物理特性。首先，闭合裂纹受到内部应力作用，两侧表面相互啮合，初始处于闭合状态。入射声波需要具有足够大的能量克服闭合裂纹处的初始应力，界面才会发生相对运动，进而对声波传播进行调制作用，产生非线性现象；反之，入射声波将直接穿透界面继续传播。其次，接触界面的劲度系数与两侧表面的接触状态有关，而在两侧表面发生相对运动时，两侧表面在不同运动过程中的接触状态是不同的，故界面劲度系数是非线性的。粗糙接触界面的超声非线性效应本质是界面劲度系数对入射声波的调制作用，对界面劲度系数的分析是研究接触界面非线性声学现象的关键。最后，粗糙接触界面是由粗糙表面部分发生接触的粗糙峰构成的，界面劲度系数与粗糙表面粗糙峰的分布有关，因此接触界面对声波的非线性调制作用与接触界面的微观几何特性有关，具体分析如下。

由以上分析可得到粗糙接触界面对声波调制作用的非线性应力在时域中的表达式，具体如下：

$$\sigma^{NL}(t) = H[A\cos(\omega t) - \varepsilon_0]\varphi(K_N, t)\varepsilon_{in} \tag{2.9}$$

式中，$H[A\cos(\omega t) - \varepsilon_0]$ 是界面初始状态对声波的作用；$H(x)$ 是单位阶跃函数；A 是入射声波引起的应变幅值；ω 是角频率；ε_0 是粗糙接触界面的初始应变大小；$\varphi(K_N, t)$ 是接触界面劲度系数；ε_{in} 是入射波的应变大小。

由式（2.9）可知，声波入射引起介质的应变大于初始应变，界面两侧发生相对运动对声波起到调制作用，进而产生非线性声学现象；反之，界面两侧不会发生相对运动，入射声波直接穿透界面，无非线性声学现象产生。该现象称为阈值现象，与粗糙接触界面的初始应变大小有关。

闭合裂纹的两侧表面受到声波驱动会发生连续的"张开"与"闭合"运动。接触界面发生"张开"运动时，两侧表面相对接近；反之，两侧表面相对远离。对应接触界面的"张开"与"闭合"运动，界面的劲度系数分别记为 f_1、f_2，则可知 $f_1 \neq f_2$，我们将这种性质称为劲度系数的非对称性。闭合裂纹是由粗糙表面构成的接触界面，粗糙表面分布的粗糙峰接触状态的变化会导致劲度系数的改变。入射声波作用下，接触界面会发生连续运动，界面劲度系数具有以下特点：

（1）接触界面劲度系数是一个与入射声波周期相同的周期函数；

（2）单位周期内，接触界面劲度系数变化具有非对称性和随机性。

单位周期内界面劲度系数可表示为：

$$\varphi_T(K_N, t) = \begin{cases} f_1(K_0, K_1), 0 \leqslant t \leqslant T/2 \\ f_2(K_1, K_2), T/2 < t \leqslant T \end{cases} \tag{2.10}$$

式中，K_0 和 K_1 是界面劲度系数在 $0 < t < T/2$ 内的变化范围，$f_1(K_0, K_1)$ 表示在 K_0 和 K_1 之间服从均匀分布的概率密度函数。相应地，$f_2(K_1, K_2)$ 表示在剩余周期内，劲度系数服从的均匀分布概率函数。若表面粗糙峰高度的变化服从高斯概率密度分布，那么式（2.10）中的 $K_i(i=0, 1, 2)$ 由界面劲度系数 Greenwood 微观几何特征模型确定。

式（2.10）建立的分段均匀概率模型说明，接触界面非线性声学现象表现为粗糙接触界面物理特性对声波传播的综合调制作用。该模型既考虑了接触界面初始应变大小对声波的影响，又体现了粗糙表面的微观几何特征和两侧表面运动对声波的非线性调制作用，是更加贴近实际的描述粗糙接触界面特性的物理模型。

假设构成粗糙接触界面的材料为铝合金材料。接触界面的粗糙度为 $3.0\,\mu m$，接触面积内粗糙峰数量为 1.8×10^{13}，表面相对接近量为 $10\,\mu m$，法向压力为 94.2 MPa。当正弦声波信号垂直入射接触界面时，其幅值为 20 nm，频率为 2 MHz，长度为 10 个周期，仿真波形及频谱如图 2.4 所示。

图 2.4（a）是使用分段均匀概率模型建立的仿真波形，可见粗糙界面的微观几何特征和界面劲度系数的非对称性质共同作用导致了声波信号时域波形的畸变。图 2.4（b）是仿真波形的频谱，可见粗糙接触界面调制声波信号出现了新频率分量，进一步对信号频谱进行分析，可以得到非线性参数大小，进而实现对粗糙接触界面性能的评价。

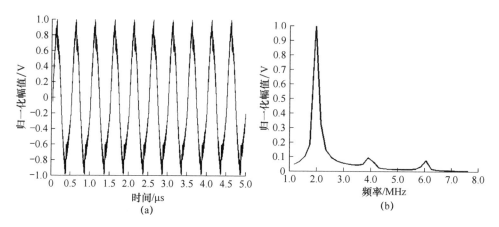

图 2.4　仿真波形及频谱

(a) 仿真信号；(b) 频谱

2.3　针对闭合裂纹的非线性声学实验设计

2.3.1　实验装置说明

非线性声学现象是有限振幅声波与材料介质中微观缺陷相互作用产生的，这就要求入射声信号具有振幅大的特点，本书采用非线性超声检测系统 RITEC RAM-5000-SNAP 生成稳定高压脉冲串电信号来激励换能器生成入射声波信号。非线性超声检测装置 RITEC RAM-5000-SNAP 生成突发信号的周期数（脉冲长度）、频率大小以及激励信号能量均可调，能够适应针对多种固体材料中各种微观缺陷的非线性超声检测方法。该仪器将激励信号能量划分成 0～100 等级，数值越大表示激励电信号能量越大。固体材料中声波信号与微观缺陷作用后的回波信号也可以通过该系统接收进行进一步的处理分析。此外，RITEC RAM-5000-SNAP 系统还有低通和高通滤波模块、功率放大模块以及衰减器等可随意拆卸、组装的实验模块，进而可实现高灵敏度、高可靠性的非线性超声实验系统。

本文采用声波透射方式对 LY12 铝合金实验样品进行测量。基于 RITEC RAM-5000-SNAP 非线性超声检测装置的二次谐波法的具体实验步骤如下：由 RITEC RAM-5000-SNAP 生成 10 个周期、中心频率为 2 MHz 的突发信号，经过截止频率为 2 MHz 的低通滤波器，激励在发射换能器上生成纵波信号入射至实验样品。透射声波信号由接收换能器接收，然后经过 4 MHz 高通滤波器在示波器上显示，被计算机接收进行 FFT 变换，进一步计算相对非线性参数去评价样品的机械性能。其中，2 MHz 低通滤波器和 4 MHz 高通滤波器的作用是减少系统非线性对实验结果的影响，若回波信号能量很弱则还应该在 4 MHz 高通滤波器之后加上一个功率放大器，用以增加透射声波信号能量，以便于后续的实验观测和数据处理。实验系统的实物装置如图 2.5 所示。

图 2.5　实验系统的实物装置

2.3.2　系统线性标定

非线性超声测量过程中，除了超声波与实验样品相互作用会产生非线性信号外，实验装置中的功率放大器以及耦合剂产生的非线性干扰信号也会对实验结果造成不利影响。为了区分实验样品固有非线性与系统非线性，需要对实验系统线性进行标定。

在入射声波频率和声波传播距离不变的情况下，二次谐波幅值 A_2 与基波幅值平方 A_1^2 呈线性关系，而这一关系不受入射声波幅度、周期数的影响。利用这个特性可以实现对实验系统的线性标定。

实验样品采用长为 300 mm、宽为 80 mm、厚度为 30 mm 的 LY12 铝合金板材。发射信号中心频率为 2 MHz、周期数为 10，在不同激励电压幅度情况下测量得到透射声波的基波幅值和二次谐波幅值，观察基波幅值与二次谐波幅值平方之间的关系。测量实验结果如图 2.6 所示。在不同激励电压作用下，基波幅值平方与二次谐波幅值近似为线性关系。图 2.6 中黑点为实验数据点，曲线为实验数据拟合曲线。实验过程中激励电压在 0～100 V 变化，这说明非线性超声检测系统在激励电压范围内符合线性标定。

2.3.3　激励电信号周期数对实验结果的影响

因非线性超声测量设备 RITEC RAM-5000-SNAP 产生的激励电信号形式是脉冲串信号，故选择的信号周期数不同会对实验结果造成影响。

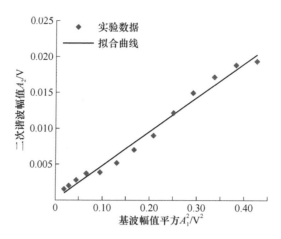

图 2.6 不同激励电压的系统非线性

入射声波脉冲周期数过短，与固体材料中缺陷相互作用时产生的非线性响应不明显，谐波信号较弱，容易淹没在实验系统噪声中，测量得到的相对非线性参数会出现较大的波动。此外，由于声波信号持续时间过短，信号截断造成信号频谱畸变也变得十分明显，进而使谐波信号幅值测量误差增大。因此，入射声波信号周期数的选择会对实验测量结果造成影响。

为了分析不同长度激励脉冲串对实验测量结果的影响，本文通过改变 RITEC RAM-5000-SNAP 非线性实验系统用户界面激励脉冲数目，测量固定长度实验样品下，相对非线性参数大小随激励信号周期数的变化情况，实验结果如图 2.7 所示。

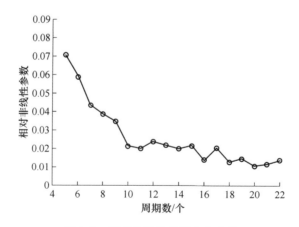

图 2.7 相对非线性参数大小变化

由图 2.7 可知，在脉冲周期数较少的情况下，由系统测量的相对非线性参数具有很大的波动，激励信号脉冲串的周期越长，相对非线性参数的测量数值越趋于平稳。实验结果可见，激励信号脉冲串数超过 10 以后，实验测量的相对非线

性参数波动变得非常平稳。因此，实验系统在检测过程中通常使用脉冲周期数大
于 10 的脉冲串来激励发射换能器，以尽量降低测量过程中入射声波脉冲周期数
对测量结果的影响。

2.3.4　发射与接收换能器频谱特性

非线性超声检测实验过程中，另一个影响实验测量结果的因素是发射和接收
换能器的频谱特性。发射换能器应该提供足够强的入射声波以便引起介质的非线
性效应，同时对于实验系统非线性起到部分抑制作用；接收换能器有两种可能的
选择：窄带接收方式和宽带接收方式。窄带接收方式选择接收换能器的共振频率
为目标检测谐波频率，能够获得较高的灵敏度；宽带接收方式在一定程度上降低
了接收信号的灵敏度，但是能够获得较宽的接收频率范围。本书采用的发射换能
器的频谱特性如图 2.8（a）所示，接收换能器的频谱特性如图 2.8（b）所示。

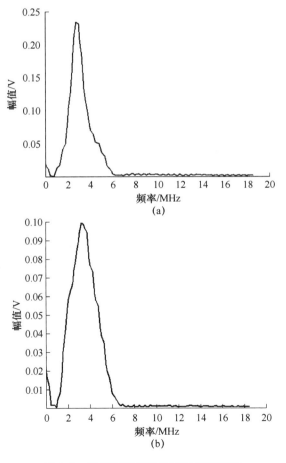

图 2.8　发射和接收换能器的频谱特性

（a）发射换能器频谱特性；（b）接收换能器频谱特性

2.4 粗糙接触界面实验系统设计

本书利用二次谐波法来实现粗糙接触界面非线性声学现象的观测。声波信号垂直入射至接触界面处生成透射声波信号并由接收换能器接收，以实现高次谐波现象和阈值现象的观测，进而对粗糙接触界面的性能进行评价。具体实验步骤以及系统组成如下。

2.4.1 实验系统设计

本书建立了实验平台对粗糙接触界面处的非线性声学现象进行观测，具体实验框图如图 2.9 所示。由 RITEC RAM-5000-SNAP 系统发射 10 个周期的频率为 2 MHz 的突发信号，经过低通滤波器后，激励发射换能器产生声波信号并垂直入射至接触界面。透射声波信号由中心频率为 4 MHz 的宽带接收换能器接收并经高通滤波器滤波和信号放大器处理，在示波器中进行显示，并送入计算机进行后续处理。

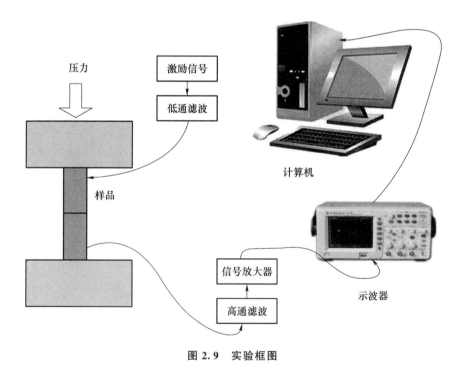

图 2.9 实验框图

2.4.2 实验样品设计

为了实现对粗糙接触界面的非线性声学观测，实验样品设计如图 2.10 所示。实验样品是直径为 60 mm、高度为 90 mm 的铝合金（LY12）圆柱体，一侧表面经过 100 目（粒径为 150 μm）喷砂处理，粗糙度可由粗糙度仪测得。实验过程中，为了放置并且保证接收换能器和发射换能器很好地共线，在圆柱体内加工了深度为 45 mm 凹洞，并在圆柱体的侧面制作侧孔用来引出电线。样品的具体物理参数如表 2.1 所示。

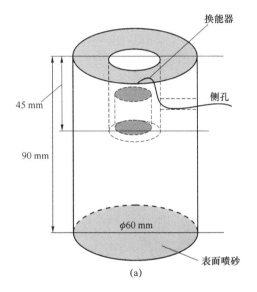
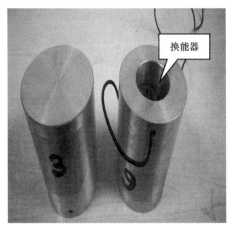

(a)   (b)

图 2.10 实验样品设计

（a）样品设计示意图；（b）实际样品

表 2.1 铝合金（LY12）物理参数

物理参量	数值	物理参量	数值
纵波声速/（m·s^{-1}）	6 383	样品横截面面积/cm^2	28.26
界面粗糙度 Ra/μm	3.0、3.1、3.5		

2.4.3 粗糙表面形态测量

本书利用自动变焦三维表面测量仪 IFMG4 对样品表面粗糙高度分布进行测量。该仪器是奥地利 Alicona 公司研发生产的集形貌测量和粗糙度测量以及统计分析为一体的高精度光学测量仪，采用的是目前世界领先的自动变焦技术，仪器主要技术参数如表 2.2 所示。

表 2.2　技术参数

技术参数	数值	技术参数	数值
垂直分辨率/nm	10	水平取样距离/nm	90
水平分辨率/nm	400	最大扫描高度/μm	22

在声波透射区域内，选择面积为 4.0 cm² 的粗糙接触界面进行扫描，并由仪器提供的软件进行统计。如图 2.11 所示，建立粗糙表面高度的分布直方图，统计参量如表 2.3 所示。

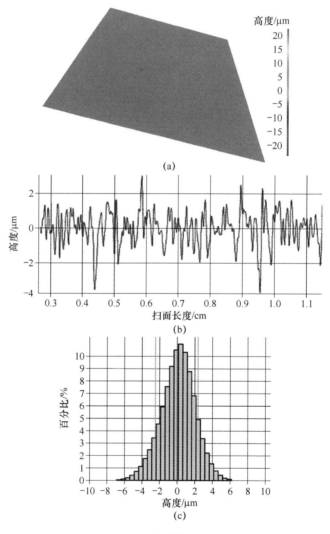

图 2.11　粗糙表面特征

（a）扫描区域；（b）垂直剖面曲线；（c）粗糙峰高度分布直方图

表 2.3　统计参量

统计参量/μm	数值	统计参量/μm	数值
平均值	−0.000 1	标准差	2.4

图 2.11（a）是测量粗糙表面的粗糙峰高度扫描情况。通过扫描图可以清晰地看见，由于压力的挤压作用，声透射表面有一呈现浅蓝色区域，由软件提供颜色标示可知，该区域的高度相比周围要低。由此可知，实验样品在测量过程中，与粗糙表面发生了实际接触。

图 2.11（b）是声波透射区域中任意一条扫描线上的剖面曲线。我们可以得知，因为粗糙表面凹凸不平，所以其剖面曲线是一条无规则的随机曲线，由此可以想象出粗糙表面的粗糙峰分布情况。

图 2.11（c）是对扫描区域的粗糙峰高度进行统计得到的概率直方图。可以看出，粗糙表面分布的粗糙峰，其高度分布近似服从高斯概率，因此本书采用高斯概率描述接触界面粗糙峰高度分布具有合理性。

本书使用自动变焦三维表面测量仪 IFMG4 得到的粗糙表面形貌具体参数如表 2.4 所示。

表 2.4　粗糙表面形貌参数

名称	数值	名称	数值
Sa（粗糙峰平均高度）/μm	2.3	S10z（10 点高度值）/μm	51.8
Sp（最大粗糙峰高度）/μm	15.7	Ssk（倾斜度）/（°）	20.6
Sv（最大粗糙谷深度）/μm	55.9		

2.5　粗糙接触界面的实验结果分析

2.5.1　高次谐波现象

基于第 3 章实验平台，在界面加载压力为 40 MPa，激励信号水平为 80 情况下，粗糙接触界面的透射声波信号及其频谱如图 2.12（a）和（b）所示。透射声波经过截止频率为 4 MHz 的高通滤波器并放大，频谱如图 2.12（c）所示。测量长度等于构成接触界面两个试样长度之和的单个铝合金圆柱体的透射声波信号，经过高通滤波器以及放大器，并使用图 2.12（c）频谱幅值进行归一化得到

图 2.12（d）。由图 2.12（c）知，透射声波在频域中出现了二次谐波分量和三次谐波分量。这是由于粗糙接触界面对声波的调制作用导致声波信号在频域中出现新的频率分量。由图 2.12（d）可知，当粗糙接触界面不存在时，存在系统非线性（主要由耦合剂和样品引起）产生的二次谐波，且该谐波与粗糙接触界面产生的谐波分量叠加，导致实验测得的二次谐波分量幅值增大。

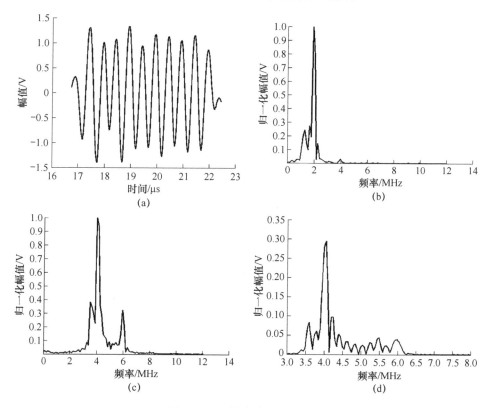

图 2.12　透射声波信号及频谱

（a）透射声波信号；（b）透射声波频谱；（d）放大后频谱；（d）系统非线性

2.5.2　加载压力变化对实验结果的影响

实验过程中，加载压力的变化会使粗糙接触界面的接触状态发生变化，进而使声波受到不同的调制作用，而透射声波信号也会携带接触界面的改变信息。实验中，激励信号水平为 100，加载压力分别为 20 MPa、25 MPa、30 MPa、35 MPa 时，测量得到的透射声波波形及其频谱如图 2.13 所示。

从图 2.13 可以看出，透射声波幅值随着界面加载压力的增大而增大。这是由于粗糙接触界面随着加载压力的增大，两侧表面的距离减小，贴合更加紧密，界面的透射能力也随之增强，因此透射声波幅值会随着界面加载压力的增大而增大。

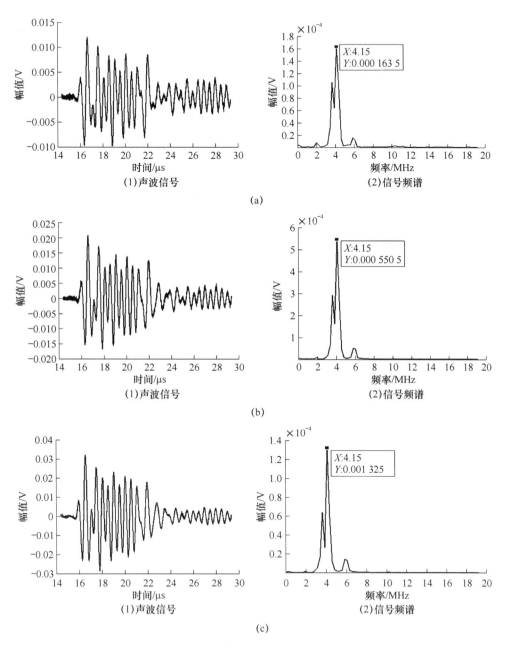

图 2.13　加载压力对声波信号的影响

（a）压力为 20 MPa 时透射声波信号及其频谱；（b）压力为 25 MPa 时透射声波信号及其频谱；
（c）压力为 30 MPa 时透射声波信号及其频谱

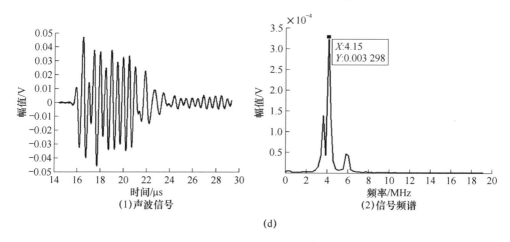

图 2.13　加载压力对声波信号的影响（续）

（d）压力为 35 MPa 时透射声波信号及其频谱

　　此外，本书在实验中选取了一个两侧含有凹洞的圆柱体实验试件为参考样品，该试件的长度为 180 mm，正好为构成接触界面试件长度的两倍。我们将该试件的透射声波幅值作为参考，定义粗糙接触界面的透射系数为接触界面的透射声波幅值与参考信号幅值之比。实验测量得到界面透射系数随接触界面压力增大的变化趋势如图 2.14 所示。可见，随着界面加载压力增大，界面的透射能力增强，透射系数也随之增大。但接触界面的透射系数不是随着加载压力增大而无限增大，这是因为界面加载压力增加到某一数值时，两侧表面接触会变得非常紧密，此时压力的变化对界面透射能力的影响不再明显。

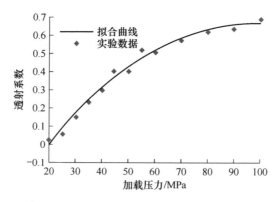

图 2.14　透射系数随加载压力的变化

2.5.3　激励信号水平变化对实验结果影响

接触界面的两侧表面的"张开"与"闭合"运动是受到声波传播驱动产生

的，而界面运动的情况与入射声波的能量大小有关，若入射声波能量很小，无法克服接触界面初始受到的内部应力，则界面不会发生相对运动，声波将直接穿透接触界面；若入射声波能量足够大，则界面的两侧表面会在声波传播引起的应力变化下发生相对运动，因此界面的运动情况与入射声波的能量大小有关。

接触界面的加载压力 45 MPa，入射声波激励信号水平分别为 80、85、90、95，实验接收到的透射声波信号如图 2.15 所示。为了更加清晰地看到入射声波的能量对接触界面非线性声学效应的影响，声波信号通过高通滤波器滤波后其频谱特性如图 2.15 所示。可见，随着入射声波能量增大，透射声波波形畸变越来越严重，接触界面产生的二次谐波、三次谐波幅值也随之增大。这是由于入射声波能量增大导致界面的两侧表面"张开"和"闭合"运动变得剧烈，进而对声波传播的非线性调制作用增强，所以在透射声波信号的时域内二次谐波、三次谐波幅值会变大。

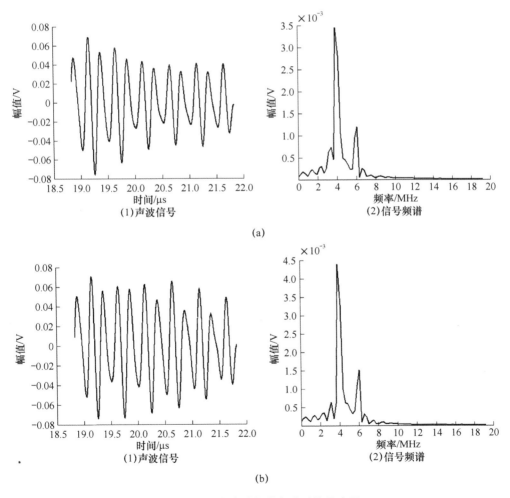

图 2.15　透射声波幅值与激励信号水平

（a）激励信号水平为 80 时透射声波信号及频谱；（b）激励信号水平为 85 时透射声波信号及频谱

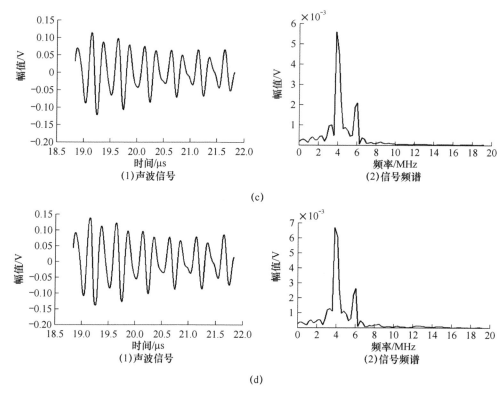

图 2.15　透射声波幅值与激励信号水平（续）

(c) 激励信号水平为 90 时透射声波信号及频谱；(d) 激励信号水平为 95 时透射声波信号及频谱

接触界面在压力作用下，处于闭合状态。当入射声波具有足够大的能量时，才能使接触界面两侧发生相对运动。假设入射声波幅值为 A，若 $A < A_0$（A_0 为常数），则入射声波直接穿过界面，而无谐波分量产生。若 $A > A_0$，则界面两侧发生相对运动，声波波形发生畸变，即接收信号有谐波分量生成，该现象为阈值现象。理论模型的计算结果如图 2.16（a）所示，当入射声波引起的应变小于初始应变时，谐波幅值为零。

实验测量中，由于系统存在非线性，因此即使接触界面受到入射声波作用未发生相对运动，接收的透射信号在频域中仍有微弱的二次谐波。但系统非线性产生的三次谐波能量很小，可以忽略不计，因此可选择三次谐波的产生作为阈值现象发生的标志。压力为 45 MPa 时，随入射声波激励信号水平增加，二次谐波、三次谐波幅值变化拟合曲线如图 2.16（b）所示。入射声波激励信号水平 45 约为本实验的阈值，大于此阈值时，将产生明显的高次谐波分量。由于存在系统非线性，因此在激励信号水平小于阈值时，透射声波频谱中仍有较小的二次谐波分量出现。

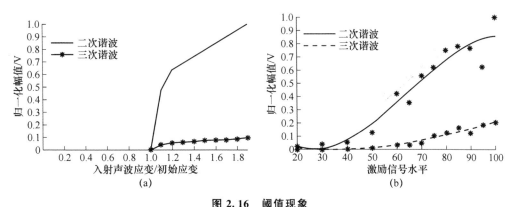

图 2.16 阈值现象

（a）理论计算结果；（b）实验测量结果

2.5.4 归一化非线性参数与加载压力的关系

理论上，相对非线性参数为二次谐波幅值与基波幅值平方之比。但实际测量中得到的非线性参数大小为 $\beta' = (A_2 + a)/A_1^2$，式中，a 是系统非线性，主要是积累非线性信号。系统非线性会对实验测量结果造成影响，即相对于理论计算会有一个"偏置"。

如图 2.17 所示，可知实验数据与系统非线性造成的"偏置"相减并归一化后与数值计算结果吻合良好，这证明本模型可准确地描述粗糙接触界面劲度系数的变化规律。图 2.18（a）所示为不同粗糙度下的归一化非线性参数与加载压力之间的关系。可知，随着接触界面加载压力增加，归一化非线性参数呈减小趋势。接触界面加载压力相同时，粗糙度越大，归一化非线性参数越大。图 2.18（b）所示为对应的实验测量数据与拟合曲线，可看到其具有与图 2.17 相同的变化规律。此外，接触界面加载压力较小时，归一化非线性参数对接触界面压力变化更敏感。

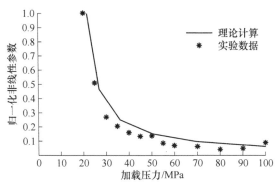

图 2.17 理论计算与实验数据

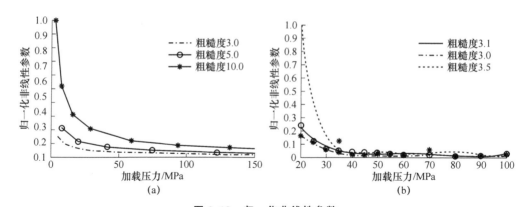

图 2.18　归一化非线性参数

（a）理论计算结果；（b）实验测量结果

2.6　本 章 总 结

本章实验观测了声波垂直入射到铝合金样品的粗糙接触界面产生的高次谐波现象，以及接触界面初始状态受到压力作用下，声波会产生阈值现象，进一步研究了归一化非线性参数随加载压力增大而减小及随表面粗糙度增大而增大的现象。理论与实验对比表明，本书的分段均匀概率模型能够很好地描述粗糙接触界面的非线性特性，可为粗糙接触界面的超声检测与评价提供理论依据。

第 3 章
非线性表面波检测技术

金属工件受到循环载荷作用，表面局部物理或化学性质不均匀会导致材料表面缺陷的产生。在服役过程中，表面缺陷是原子活性较高的部位，常常成为金属材料断裂裂纹的始发处。在疲劳寿命的初期，金属材料性能的劣化往往体现在金属微观结构的变化。传统的超声检测无法对此类金属材料的微损伤进行检测与评价，因此本章继续采用非线性声学检测手段，来实现金属材料处于疲劳阶段表面损伤的检测与评价。

本章主要内容包括非线性表面波检测原理、检测方案和实施步骤，包括搭建非线性表面波检测平台，探索该方法用于金属疲劳损伤阶段表面损伤检测与评价的可行性。

3.1　非线性表面波检测原理

设瑞利波沿着半空间自由表面的 x 方向传播，其中 z 坐标指向半空间物质的内部。此时，纵波和横波的位移势函数为：

$$\phi = -\mathrm{i}\,\frac{B_1}{k_{\mathrm{R}}}\mathrm{e}^{-pz}\,\mathrm{e}^{\mathrm{i}(k_{\mathrm{R}}x-\omega t)} \tag{3.1}$$

$$\varphi = -\mathrm{i}\,\frac{C_1}{k_{\mathrm{R}}}\mathrm{e}^{-sz}\,\mathrm{e}^{\mathrm{i}(k_{\mathrm{R}}x-\omega t)} \tag{3.2}$$

式中，$p^2 = k_{\mathrm{R}}^2 - k_1^2$，$s^2 = k_{\mathrm{R}}^2 - k_{\mathrm{s}}^2$；$k_{\mathrm{R}}$、$k_1$ 和 k_{s} 分别为瑞利波、纵波和横波的波数。瑞利波是由非均匀平面纵波与非均匀平面横波在传播速度相等的条件下叠加而成的，因此可将瑞利波的位移分解为纵向和横向位移分量，即：

$$u_x = B_1\left(\mathrm{e}^{-pz} - \frac{2pz}{k_{\mathrm{R}}^2 + s^2}\mathrm{e}^{-sz}\right)\mathrm{e}^{\mathrm{i}(k_{\mathrm{R}}x-\omega t)} \tag{3.3}$$

$$u_z = \mathrm{i}B_1\frac{p}{k_{\mathrm{R}}}\left(\mathrm{e}^{-pz} - \frac{2k_{\mathrm{R}}^2}{k_{\mathrm{R}}^2 + s^2}\mathrm{e}^{-sz}\right)\mathrm{e}^{\mathrm{i}(k_{\mathrm{R}}x-\omega t)} \tag{3.4}$$

在具有弱二次非线性的材料中，瑞利波传播一定距离后，其二次谐波可近似表示为：

$$u_x \approx B_2 \left(\mathrm{e}^{-2pz} - \frac{2pz}{k_{\mathrm{R}}^2 + s^2} \mathrm{e}^{-2sz} \right) \mathrm{e}^{\mathrm{i}2(k_{\mathrm{R}}x - \omega t)} \tag{3.5}$$

$$u_z \approx \mathrm{i}B_2 \frac{p}{k_{\mathrm{R}}} \left(\mathrm{e}^{-2pz} - \frac{2k_{\mathrm{R}}^2}{k_{\mathrm{R}}^2 + s^2} \mathrm{e}^{-2sz} \right) \mathrm{e}^{\mathrm{i}2(k_{\mathrm{R}}x - \omega t)} \tag{3.6}$$

对各向同性的材料来说，由于其三阶弹性常数的对称性，瑞利波的非线性只与纵波有关。因此，在自由表面附近，瑞利波中基频位移 $u_x(w;x,z)$ 和倍频位移 $u_x(2w;x,z)$ 之间的关系与纵波的对应关系一致。瑞利波的基频和二次谐波幅值满足

$$B_2 = \frac{\beta k_1^2 x B_1^2}{8} \tag{3.7}$$

式中，β 为瑞利波中纵波成分的非线性系数；x 为瑞利波的传播距离。于是，由式（3.1）、式（3.2）和式（3.3）可得在 $z=0$ 时的自由表面瑞利波基频与倍频的位移关系，进一步可得瑞利波的非线性系数为：

$$\beta = \frac{u_z(2\omega;x,0)}{u_z^2(\omega;x,0)} \frac{8\mathrm{i}}{k_1^2 x} \frac{p}{k_{\mathrm{R}}} \left(1 - \frac{2k_{\mathrm{R}}^2}{k_{\mathrm{R}}^2 + s^2} \right) \tag{3.8}$$

也可以将式（3.8）写成

$$\beta = \frac{8}{k_1^2 x} \frac{B_2}{B_1^2} f(\omega) \tag{3.9}$$

式中，k_1 为纵波波数，x 为瑞利波的传播距离，$f(\omega)$ 为关于频率的函数，且

$$f(\omega) = 1 - \frac{2k_{\mathrm{R}}^2}{k_{\mathrm{R}}^2 + s^2} \tag{3.10}$$

实际测量过程中激发声波参数固定后，k_1，x 和 $f(\omega)$ 也是不变的，所以可以定义相对非线性系数为：

$$\beta' = \frac{B_2}{B_1^2} \tag{3.11}$$

由此可以看到，实验过程中，只需要测量基波幅值和二次谐波幅值的大小，就可以计算出此时相对非线性参数，而该参数与材料高阶弹性常数有关，进而反映出此时材料的疲劳程度。

如何实现瑞利波的激发？声波传播过程中遇到阻抗不匹配的界面会产生声波传播方向的改变和波形转换，本书选择有机玻璃作为楔块，纵波为入射声波，在楔块与待测样品表面发生全反射的方法来激发表面波。

声波在阻抗不匹配的界面传播时，满足斯涅尔定律：

$$\frac{c_1}{c_2} = \frac{\sin \theta_1}{\sin \theta_2} \tag{3.12}$$

式中，c_1 为斜楔有机玻璃材料的纵波波速；c_2 为试件材料的瑞利波声速；θ_1 和 θ_2 分别为入射角和折射角，如图 3.1 所示。在试件中激发瑞利波的条件是 $\theta_2 = 90°$，由此可求出斜楔中纵波入射角，即：

$$\sin \theta_1 = \frac{c_1}{c_2} \sin 90° = \frac{c_1}{c_2} \qquad (3.13)$$

式中，$c_1 = 2\,320$ m/s；$c_2 = 3\,013$ m/s。根据式（3.13）可计算入射波的角度 $\theta_1 = 63.75°$。此时，能有效地激发出瑞利波。

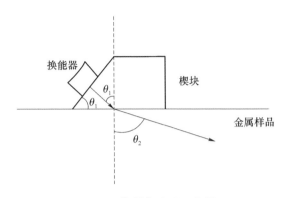

图 3.1　斯涅尔定理示意图

3.2　检　测　方　案

为验证非线性瑞利波用于金属疲劳损伤的检测和评价的可行性，本书进行了两部分实验：

（1）疲劳样品的制作；

（2）非线性瑞利波实验平台的搭建。

疲劳样品的制作。金属疲劳断裂是指材料、零构件在循环应力或循环应变作用下，在一处或几处逐渐产生局部永久性累积损伤，经一定循环次数后产生裂纹或突然发生完全断裂的过程。根据循环载荷作用周期数和大小，可分为高周疲劳和低周疲劳。高周疲劳是指材料在低于其屈服强度的循环应力作用下，经 $10^4 \sim 10^5$ 以上循环次数而产生的疲劳。低周疲劳是指材料在高于其屈服强度的循环应力作用下，经 $10^4 \sim 10^5$ 以下循环次数而产生的疲劳。本书主要研究高周疲劳样品表面损伤的检测。

非线性瑞利波实验平台主要包括：激励和接收探头的选择、耦合条件分析、激励信号频率和周期数的设置。基本思路是：搭建激励和接收平台，利用示波器实现时域波形的显示和频谱分析，然后利用计算机对数据进行存储和处理，提取基波幅值和二次谐波幅值，计算出有效表征待测样品表面疲劳损伤的参数。

3.2.1 金属材料疲劳拉伸的实验平台

本实验分为两组原始状态完全相同的试件：1号试件和2号试件，首先将未进行拉伸实验时的试件记为原始试件。对这两组试件均依次进行不同疲劳周期的拉伸实验，拉伸实验疲劳周期共计8组，分别记为：0次（原始试件），10万次，20万次，30万次，40万次，50万次，60万次，70万次。拉伸试验机采用的是PA-100型微机控制电液伺服疲劳机。该试验机主要用于金属、非金属材料的拉伸等力学性能的测试和分析研究，还可以同步显示实验力、位移、变形、速度、实验曲线等，具有限位、过载自动保护、试样断裂自动停机等功能。利用PA-100型微机控制电液伺服疲劳机对试件进行拉伸实验，搭建的疲劳实验平台如图3.2所示。

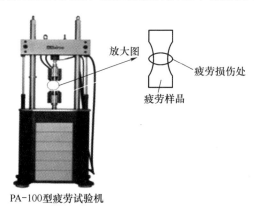

PA-100型疲劳试验机

图 3.2　PA-100 型疲劳实验系统

3.2.2 非线性表面波检测平台

由于非线性响应产生的信号幅值较小，检测起来较为困难，因此对实验中所用仪器设备的要求较高。本实验使用的非线性超声检测系统是由美国RITEC公司生产的RITEC RAM-5000-SNAP非线性超声检测系统，该系统专用于研究非线性声学现象，配套的仪器设备有高能匹配电阻、衰减器、低通滤波器、换能器（发射探头）、示波器以及计算机等。图3.3所示为采用非线性瑞利波法测量样品疲劳损伤时RAM-SNAP系统的实验装置。

图3.4中RAM-SNAP系统激发的脉冲信号，先后经过匹配电阻和低通滤波器等模块后传输到换能器上，再由换能器将电信号转换成超声波发射到材料内部，之后，经过声波的全反射效应产生表面波在样品表面传播，被接收的超声波被换能器接收后再转换为电信号，并在示波器上进行显示，由计算器存储和处理。其中，本实验使用的是DSO-X3024A型示波器。

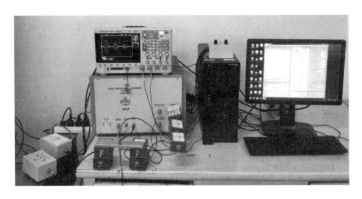

图 3.3 实验装置

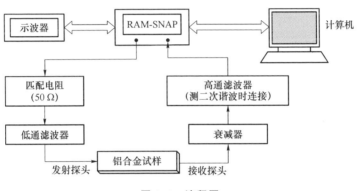

图 3.4 流程图

3.3 实 施 步 骤

3.3.1 实验装置线性校准

（1）准备试件。本实验采用完好的铝合金试件一块，测量试件的几何尺寸如图 3.5 所示。试件中的圆点标记为放置探头的位置（实验过程尽量保证探头在同一位置测试）。由在测试基波与二次谐波前所做的"固体中纵波和横波速度的测量"实验得出的试件的参数信息及试件的几何尺寸参数的数据如表 3.1 所示：

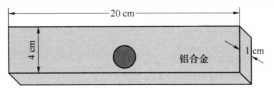

图 3.5 完好试件样品

表 3.1　铝合金试件参数

材料	长/cm	宽/cm	厚/cm	纵波声速/(m·s^{-1})	横波声速/(m·s^{-1})
铝合金	20	4	1	6 535.95	2 575.82

（2）按实验系统总示意图连接好硬件电路（将试件擦拭干净置于实验架上，探头与金属的接触面均匀涂抹耦合剂）并开启电源，启动计算机上的软件控制界面，设置非线性超声检测用到的参数。

（3）测基波波形。连接好所有电路后开启高压电源，调节并观察示波器输出的波形，发现波形不光滑、有毛刺。调整探头与铝合金试件的粘接方式，保证两探头垂直粘接紧密。然后逐渐加大衰减器的值，当毛刺完全消失，波形光滑整齐且大小适中便于观察时，将该波形的数据用 U 盘保存。

（4）测二次谐波波形，与基波不同的是需要接高通滤波器。

（5）以 5 为间隔调整输出水平（10～80）值，重复步骤（2）～步骤（4），测量不同输出水平值下的基波和二次谐波的波形。

（6）将采集到的数据用 MATLAB 软件进行数据处理，测量出基波和二测谐波的幅值。

3.3.2　信号采集处理

由于常规的超声检测很难理想地表征出试件疲劳损伤的程度，因此根据非线性超声检测的理论依据，在此使用超声非线性参数对试件的疲劳损伤程度进行表征，对时域信号进行选择性截取并进行快速傅里叶变换，通过提取信号，得到基波幅值和二次谐波幅值。对采集到的信号进行处理，实现基波和二次谐波幅值的提取。信号的采集与处理方式如图 3.6 所示。

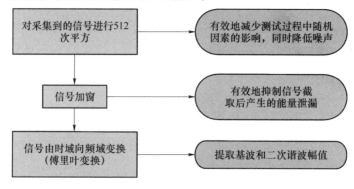

图 3.6　信号的采集与处理方式

（1）采集基波数据。将示波器上接收的时域信号波形截取良好的一段保存至 U 盘，通过 MATLAB 对采集的数据进行快速傅里叶变换得到频域波形图，分析频谱图，验证所采集的波形是否为基波参数，确认无误后，记录基波幅值。

（2）采集二次谐波数据。将示波器上接收到的时域信号通过适当的高通滤波器处理后截取良好的波形保存，通过 MATLAB 软件对采集的数据进行快速傅里叶变换，得到二次谐波的频域波形图，验证确为二次谐波参数后，记录其幅值，将得到的一系列基波与二次谐波幅值根据非线性参数公式计算得到一系列随激励信号改变的相对超声非线性特征参数。信号的采集及处理流程如图 3.7 所示。

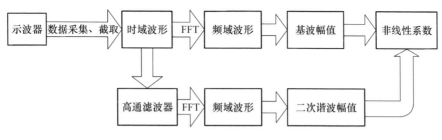

图 3.7 信号的采集及处理流程

3.3.3 实验数据处理

（1）由示波器采集的时域信号波形如图 3.8 和图 3.9 所示。本实验的激励信号采用正弦脉冲串，频率为 5 MHz，周期数为 5，从示波器上可以观察到试件检测信号从第一次透射波开始，波包分界较为明显，原则上实验可以选用第一次透射波信号和其后的所有波包分界明显、幅值大小适中的透射波进行分析研究。综合考虑，选取第二个透射波信号进行处理研究。

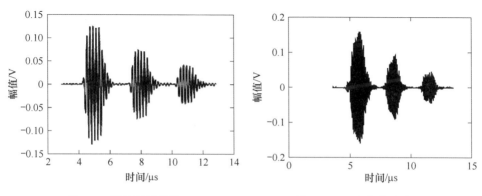

图 3.8 基波时域波形   图 3.9 二次谐波时域波形

（2）截取第二个透射波信号，截取波段如图 3.10 和图 3.11 所示。

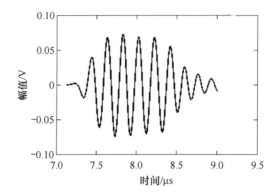

图 3.10　截取的基波时域波形

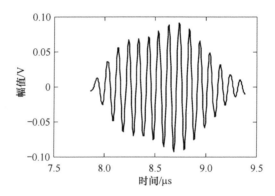

图 3.11　截取的二次谐波时域波形

（3）用快速傅里叶变换法对截取的波形进行处理研究。将截取的透射波用 MATLAB 进行快速傅里叶变换处理后得到的频域波形如图 3.12 和图 3.13 所示。

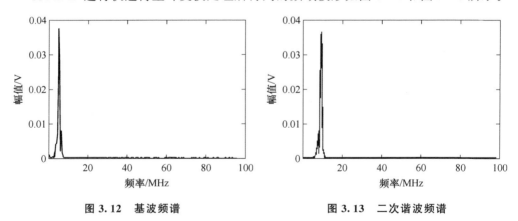

图 3.12　基波频谱　　　　　　　**图 3.13　二次谐波频谱**

（4）用 MATLAB 对步骤（3）中所得的一系列波形进行幅值处理，得到的

基波幅值 A_1 趋势和二次谐波幅值 A_2 趋势如图 3.14 和图 3.15 所示。

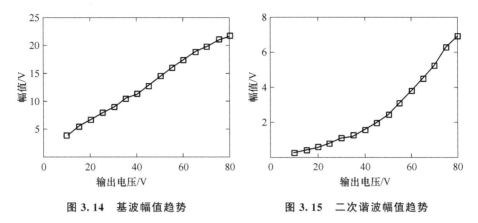

图 3.14　基波幅值趋势　　　　　图 3.15　二次谐波幅值趋势

（5）数据分析。将步骤（4）中处理所得的基波和二次谐波幅值代入计算后得到的相对非线性参数如表 3.2 所示。

表 3.2　相对非线性参数

输出水平	基波幅值 A_1	二次谐波幅值 A_2	$\beta' = A_2/A_1^2$	正则化 β'
10	3.759 00	0.214 62	0.015 188 873	1
15	5.366 00	0.357 18	0.012 404 687	0.816 695 678
20	6.566 00	0.542 40	0.012 581 080	0.828 309 009
25	7.796 00	0.778 80	0.012 813 928	0.843 639 184
30	8.874 00	1.092 80	0.013 877 200	0.913 642 510
35	10.453 28	1.183 60	0.010 831 779	0.713 139 103
40	11.273 30	1.557 60	0.012 256 143	0.806 915 895
45	12.760 08	1.940 80	0.011 919 938	0.784 780 946
50	14.463 68	2.377 20	0.011 363 395	0.748 139 479
55	15.937 60	3.103 00	0.012 216 194	0.804 285 781
60	17.438 40	3.776 00	0.012 417 058	0.817 510 193
65	18.818 24	4.507 00	0.012 727 103	0.837 922 810
70	19.783 68	5.272 00	0.013 469 803	0.886 820 462
75	20.948 48	6.274 00	0.014 296 821	0.941 269 404
80	21.714 56	6.945 00	0.014 728 896	0.969 716 183

（6）绘制相对非线性参数正则化后随激励信号值的增加而变化的走势。正则化相对非线性参数的变化情况如图 3.16 所示。

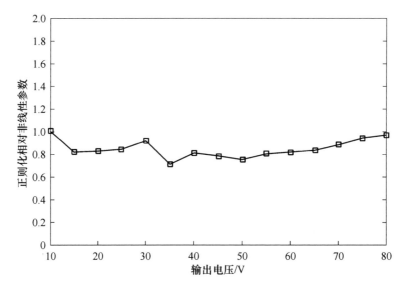

图 3.16   正则化相对非线性参数走势

3.4   金属样品疲劳实验设计

金属材料试件拉伸疲劳实验：

（1）准备试件。

本实验采用两块外形、材料完全相同的钢材料试件。在试件上选 3 个圆点位置作为探头放置处，即选择 3 个测量点以减小误差。测量钢材试件的几何尺寸参数和实物图如图 3.17 和图 3.18 所示。

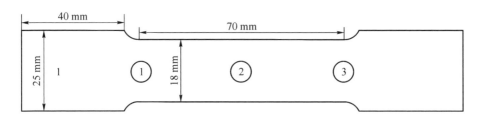

图 3.17   钢材料试件规格样品图

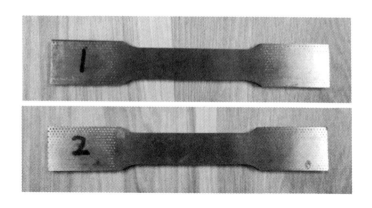

图 3.18 钢材料试件拉伸后的实物图

（2）实验步骤。

利用金属疲劳试验机分别对两个相同的钢材料试件进行拉伸疲劳实验，选择疲劳试验机的固定震动频率，分别对两组试件进行拉伸实验，每个试件每次做10万次拉伸疲劳，然后根据实验方案进行非线性超声检测实验，并采集处理实验数据；再对试件进行下一个10万次的拉伸疲劳以及非线性超声检测实验，依次对两组试件完成7次拉伸、8次测量。表3.3所示为7次钢材料试件对应的疲劳周期数。

表 3.3 两组试件对应的拉伸循环周期数

试件编号	拉伸循环周期次数/万次						
1 号	0	10	20	30	40	50	60	70
2 号	0	10	20	30	40	50	60	70

3.5 非线性超声检测数据采集与分析

通过研究拉伸循环周期数与超声非线性特征参数之间的关系，寻找能有效表征金属材料非线性空间分布的参数，主要测量金属疲劳损伤试件的早期力学性能退化阶段和损伤的起始与积累阶段。对两组钢材料试件进行离线检测。

离线检测是指将每个试件在金属疲劳试验机上加载到预计循环周期数后，再卸载取下钢材料试件进行非线性超声检测，为了确保实验结果的准确性并且降低偶然性因素的不良影响，实验过程中每个试件选3个测量点，分别为①号点、②号点、③号点，依次进行超声非线性检测，并且测量时每个点重复测量3次，取平均值。实验中所用的示波器可直接将接收的时域信号保存至 U 盘，然后选择并截取一段波形良好的时域信号，通过 MATLAB 软件程序进行快速傅里叶变换，得到相应的频谱图，分别提取基波和二次谐波的幅值，最后通过公式计算出超声非线性特征参数，并用指数函数进行拟合。

3.5.1 时域信号分析

本实验对两组疲劳试件分别用透射法和瑞利波法进行了疲劳损伤测量实验，波形每次测量每个试件的 3 个位置：①号、②号和③号位置，得到一组不同拉伸程度下的时域信号图，图 3.19 和图 3.20 分别列出了部分典型的瑞利波法及透射法测量的数据时域信号波形图像。

（1）瑞利波法测量实验的时域信号波形。

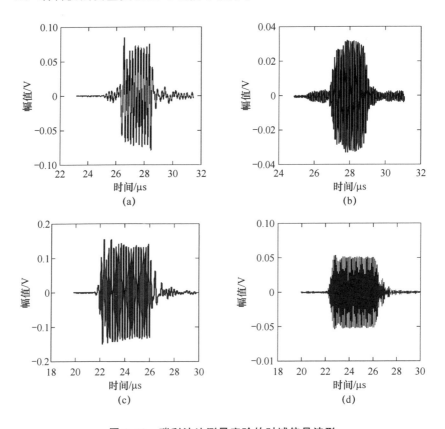

图 3.19　瑞利波法测量实验的时域信号波形

(a) 循环 0 次的基波时域波形；(b) 循环 0 次的二次谐波时域波形；

(c) 循环 70 万次的基波时域波形；(d) 循环 70 万次的二次谐波时域波形

（2）透射法测量的实验时域信号波形。

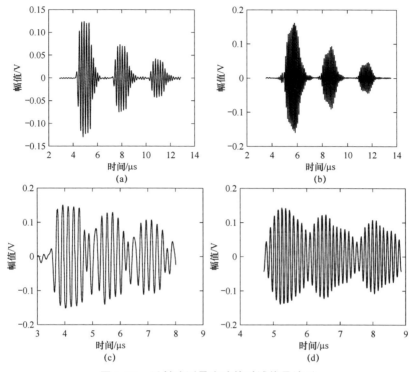

图 3.20　透射法测量实验的时域信号波形
（a）循环 0 次的基波时域波形；（b）循环 0 次的二次谐波时域波形；
（c）循环 70 万次的基波时域波形；（d）循环 70 万次的二次谐波时域波形

时域信号采集完成后需要对其加矩形窗截取适于研究的部分：从以上的时域信号波形图可以观察到试件检测信号从第一次透射波开始，波包分界较为明显，原则上实验可以选用第一次透射波信号和其后的所有的波包分界明显、幅值大小适中的透射波进行分析研究。综合考虑选取第一个透射波信号进行处理研究。截取的 1 号试件的时域信号波形如图 3.21 所示，列出了典型值的截取。

（1）瑞利波法测量实验截取的时域信号波形。

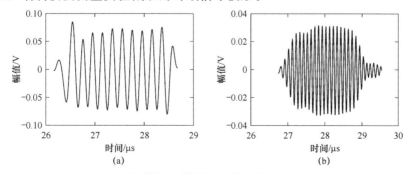

图 3.21　瑞利波法测量的部分截取的时域信号波形
（a）截取的循环 0 次的基波时域信号波形；（b）截取的循环 0 次的二次谐波时域信号波形

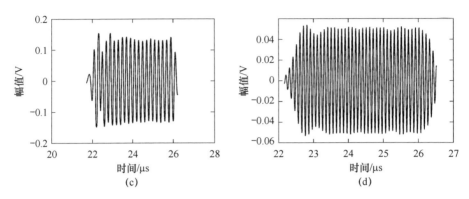

图 3.21　瑞利波法测量的部分截取的时域信号波形（续）

（c）截取的循环 70 万次的基波时域信号波形；（d）截取的循环 70 万次的二次谐波时域信号波形

（2）图 3.22 所示为透射法测量实验截取的时域信号波形。

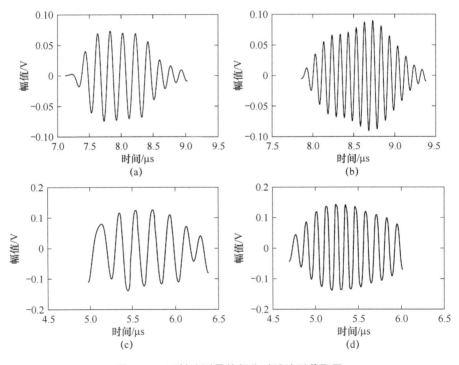

图 3.22　透射法测量的部分时域波形截取图

（a）截取的循环 0 次的基波时域信号波形；（b）截取的循环 0 次的二次谐波时域信号波形；

（c）截取的循环 70 万次的基波时域信号波形；（d）截取的循环 70 万次的二次谐波时域信号波形

　　基波与二次谐波幅值提取。对截取的信号波形采用 MATLAB 软件进行快速傅里叶变换，得到相应的频谱图，如图 3.23 和图 3.24 所示，由频谱可分析得到基波与二次谐波的频率，判断所测数据是否正确。再利用频谱图提取基波与二次谐波的幅值，所得幅值记录如表 3.4 所示。

（1）瑞利波法的频谱。

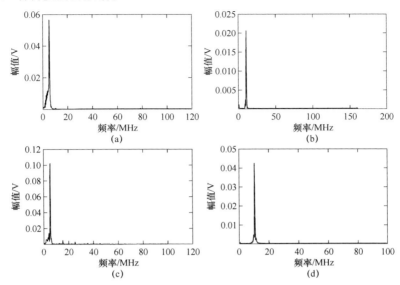

图 3.23 瑞利波法测量实验的部分频谱

（a）循环 0 次的基波频谱；（b）循环 0 次的二次谐波频谱；

（c）循环 70 万次的基波频谱；（d）循环 70 万次的二次谐波频谱

（2）透射法的频谱。

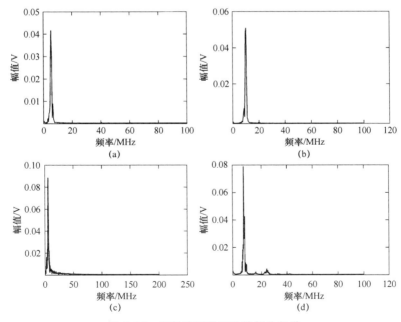

图 3.24 透射法测量实验的部分频谱

（a）循环 0 次的基波频谱；（b）循环 0 次的二次谐波频谱；

（c）循环 70 万次的基波频谱；（d）循环 70 万次的二次谐波频谱

表 3.4　1 号试件提取的信号幅值

循环周期 /万次	瑞利波法所测数据正则化的幅值		透射法所测数据正则化的幅值	
	基波幅值	二次谐波幅值	基波幅值	二次谐波幅值
0	1	1	1	1
10	1.216 403	1.589 669	1.069 471	1.379 165
20	1.184 837	2.456 530	1.167 164	2.355 702
30	1.607 208	7.071 299	1.228 494	4.213 984
40	1.140 119	3.257 548	1.113 976	3.786 954
50	1.138 636	3.226 555	1.688 195	9.849 836
60	0.878 508	4.690 433	2.040 434	24.781 790
70	0.913 340	5.395 417	2.353 324	46.611 920

对提取的幅值绘制随拉伸循环周期变化的走势图，如图 3.25、图 3.26 所示。

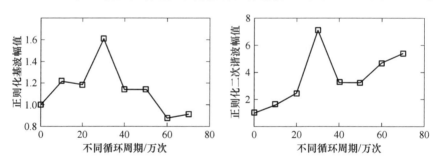

图 3.25　瑞利波实验的正则化基波与二次谐波幅值

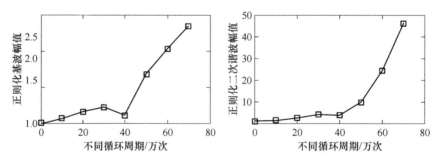

图 3.26　透射法实验的正则化基波与二次谐波幅值

以上数据为针对 1 号试件所做实验采集到的，本实验对 2 号试件做与 1 号试件相同的实验处理，由 2 号试件实验所提取的数据如表 3.5 所示。

表 3.5　2 号试件提取的信号幅值

循环周期 /万次	瑞利波所测数据正则化的均值		透射法所测数据正则化的幅均值	
	基波幅值	二次谐波幅值	基波幅值	二次谐波幅值
0	1.000 000	1.000 000	1.000 000	1.000 000
10	0.972 906	0.565 385	1.046 846	1.305 419
20	0.978 485	1.100 000	1.125 632	2.162 562
30	1.001 066	3.150 549	1.094 756	2.655 172
40	0.987 778	1.913 736	1.278 946	4.467 980
50	1.008 542	3.059 890	1.626 830	10.768 470
60	1.009 209	5.335 165	2.151 184	27.591 130
70	1.039 624 5	7.681 319	2.435 986	47.906 400

　　对以上两种实验方法所测得的数据，分别提取基波与二次谐波幅值，并绘制其随疲劳拉伸周期变化的趋势图，如图 3.27 和图 3.28 所示。

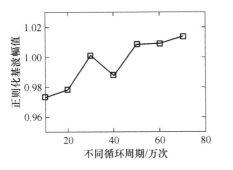 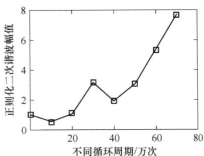

图 3.27　瑞利波实验的正则化基波与二次谐波幅值

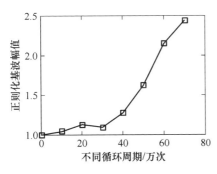 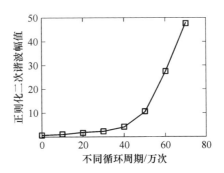

图 3.28　透射法实验的正则化基波与二次谐波幅值

3.5.2 非线性参数的提取与分析

从以上几组图可以看出，1号试件的基波与二次谐波时域信号波形以及频域信号波形的变化都不太明显，而且接收到的超声非线性信号无法明确地反映出缺陷信息的波形，为了能明确地表示出金属试件的疲劳程度，通过提取时域信号的基波幅值与二次谐波幅值，根据公式计算出相对非线性参数，绘制相对非线性参数随疲劳拉伸周期变化而变化的趋势图，并用指数函数对相对非线性参数进行拟合。

如表3.6和表3.7所示，分别为提取两个试件的相对非线性参数随疲劳拉伸周期变化的特征值。

表 3.6 1号试件的正则化非线性参数

循环周期 /万次	相对非线性参数正则化均值	
	瑞利波	透射法
0	1.000 000	1.000 000
10	1.074 304	1.205 808
20	1.749 962	1.729 244
30	2.755 156	2.792 202
40	2.509 040	3.051 678
50	2.488 331	3.456 078
60	6.077 141	5.952 337
70	6.863 975	8.416 537

表 3.7 2号试件的正则化非线性参数

循环周期 /万次	相对非线性参数正则化均值	
	瑞利波	透射法
0	1.000 000 000	1.000 000 000
10	1.074 364 418	1.190 612 000
20	1.749 620 935	1.705 930 000
30	2.737 483 389	2.214 330 000
40	2.506 056 200	2.730 190 000
50	2.488 679 605	4.066 820 000
60	6.077 452 574	5.959 360 000
70	6.864 879 877	8.069 190 000

　　由表 3.6 和表 3.7 的第二、三列可看出基波与二次谐波幅值均随循环次数的增大而增大，由相对非线性参数正则化均值可更明显地看出变化程度，为了进一步得出两者变化的关系，以下将绘制相对超声非线性参数随循环次数变化的趋势图，如图 3.29 和图 3.30 所示。

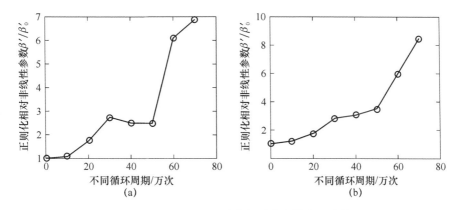

图 3.29　1 号试件的正则化相对非线性参数走势图

（a）瑞利波的相对非线性参数；（b）透射法的相对非线性参数

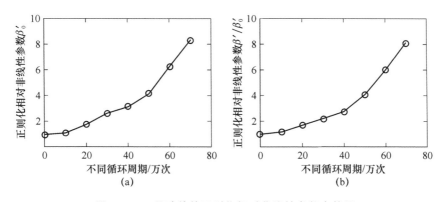

图 3.30　2 号试件的正则化相对非线性参数走势图

（a）瑞利波的相对非线性参数；（b）透射法的相对非线性参数

3.5.3　指数拟合结果

　　从图 3.29 和图 3.30 中观察得到的实验结果，大致可以说明金属材料的疲劳损伤与相对超声非线性参数之间存在的变化规律，但若想更好的表征，则还需要建立循环周期次数与相对超声非线性参数之间的关系式，本书采用常用的拟合方法，即用指数函数拟合非线性参数与拉伸循环周期数的关系，拟合结果如图 3.31 和图 3.32 所示。

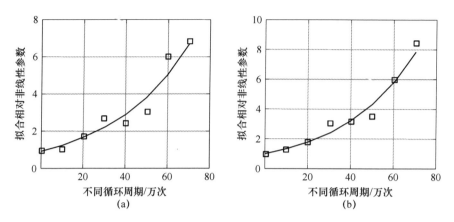

图 3.31　1 号试件拟合结果

（a）瑞利波拟合结果；（b）透射法拟合结果

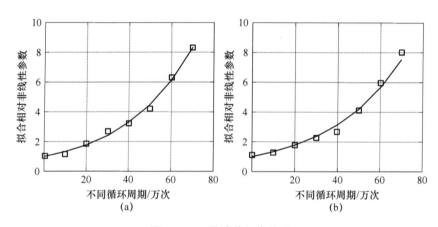

图 3.32　2 号试件拟合结果

（a）瑞利波拟合结果；（b）透射法拟合结果

对比不同试件及两种实验方法的拟合效果：

（1）两个试件的非线性参数的变化趋势相同，均符合指数变化。

（2）两种实验方法的指数函数拟合曲线比较一致。

为了更好地说明指数函数拟合结果的准确度及两种实验方法的可靠性，对比拟合相对误差结果，如图 3.33 和图 3.34 所示。

对比拟合相对误差结果：瑞利波法测量实验中，拟合 1 号试件的最大相对误差为 19.01%，拟合 2 号试件的最大相对误差为 9.14%；透射法测量实验中，拟合 1 号试件的最大相对误差为 10.13%，拟合 2 号试件的最大相对误差为 9.79%。

由此比较可得：

（1）最终拟合误差在 20% 以内，误差较小，说明指数函数拟合准确度较高。

（2）两种实验方法拟合结果虽一致，但相比之下透射法的拟合误差更小，其对拉伸疲劳的检测更准确，瑞利波法由原理可知更适合检测表面疲劳。

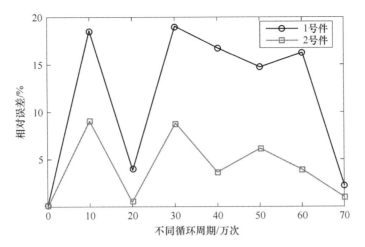

图 3.33 瑞利波数据拟合的相对误差

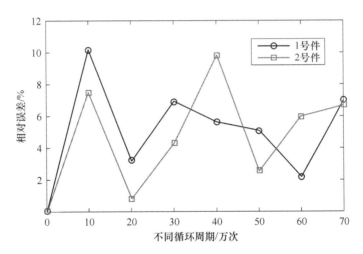

图 3.34 透射法数据拟合的相对误差

3.6 本章总结

本章主要研究了金属疲劳时期表面损伤的表面超声波非线性测量实验。介绍了实验试件的制备过程，利用金属疲劳试验机对试件进行拉伸实验，然后主要介绍了超声非线性实验的采集过程以及信号处理，其中在非线性超声信号处理方面需要考虑到的问题主要包括：

（1）在采集信号过程中对时域信号进行 512 次平均，对采集到的超声非线性信号进行截取，防止频谱泄露和抑制栅栏效应，尽可能降低在超声信号中暂态过程对实验结果的影响。

（2）在信号截取时，考虑到选择正确的波包对实验结果有一定的影响。由于第一个脉冲串比较不容易受到其他信号的干扰，在实验时其波形信号也没有出现溢出的现象，并且第一个脉冲串信号较为平稳，因此，本章实验均选取第一个波形作为实验数据，并对其进行进一步处理。

本章后一部分对采集到的实验数据进行了进一步的分析，得到了相对非线性参数与拉伸疲劳周期之间的关系。为了准确得到相对非线性参数与拉伸疲劳周期的关系，采用指数函数对两者进行拟合，最后将拟合结果进行对比分析，得出的结论为：

（1）随着拉伸循环周期次数的增加，试件的相对非线性参数总体变化趋势为逐渐增大，拟合后的结果表征出相对非线性参数与拉伸疲劳周期基本呈指数关系。

（2）两种实验方法拟合结果一致，且拟合误差较小，验证了非线性超声检测技术可以实现金属疲劳损伤的有效检测和评价。其中，在疲劳初期，相对非线性参数基本不变，后期的增长趋势越来越大直至破坏。微小误差的差异说明，透射法比瑞利波法对拉伸疲劳的检测更准确。

第 4 章
非线性混频方法理论与实验方法

　　两列频率分别为 f_1、f_2 的声波在固体材料中相互作用会产生频率为 f_1+f_2 或 f_1-f_2 的混频信号，并且信号幅值与材料的三阶弹性常数有关，这种非线性声学现象称为非线性混频现象。由于非线性混频现象只与两列声波相互作用的区域有关，因此利用这种非线性声学现象可以实现对材料塑性区域的测量。此外，非线性混频现象产生的混频信号与入射声波具有不同声波类型和频率，与二次谐波法相比较，该方法能够有效抑制实验系统非线性对测量结果的影响。因此，本书采用非线性混频方法对固体材料中有限长裂纹尖端塑性区进行检测，并对金属材料非线性空间分布实现了测量。

4.1　非线性混频现象的理论研究

4.1.1　一般情况求解

　　在各向同性介质中，不忽略高阶项，非线性声波运动方程的表达式为：

$$\rho\,\frac{\partial^2 u_i}{\partial t^2} - \mu\,\frac{\partial^2 u_i}{\partial x_k\,\partial x_k} - \left(K + \frac{\mu}{3}\right)\frac{\partial^2 u}{\partial x_l\,\partial x_i} = F_i$$

$$F_i = \left(\mu + \frac{A}{4}\right)\left(\frac{\partial^2 u_l}{\partial x_k\,\partial x_k}\,\frac{\partial u_l}{\partial x_i} + \frac{\partial^2 u_l}{\partial x_k\,\partial x_k}\,\frac{\partial u_i}{\partial x_l} + 2\,\frac{\partial^2 u_i}{\partial x_l\,\partial x_k}\,\frac{\partial u_l}{\partial x_k}\right) +$$

$$\left(K + \frac{\mu}{3} + \frac{A}{4} + B\right)\left(\frac{\partial^2 u_l}{\partial x_i\,\partial x_k}\,\frac{\partial u_l}{\partial x_k} + \frac{\partial^2 u_k}{\partial x_l\,\partial x_k}\,\frac{\partial u_i}{\partial x_l}\right) + \left(K - \frac{2}{3}\mu + B\right)\left(\frac{\partial^2 u_i}{\partial x_k\,\partial x_k}\,\frac{\partial u_l}{\partial x_l}\right) +$$

$$\left(\frac{A}{4} + B\right)\left(\frac{\partial^2 u_k}{\partial x_i\,\partial x_k}\,\frac{\partial u_l}{\partial x_i} + \frac{\partial^2 u_l}{\partial x_i\,\partial x_k}\,\frac{\partial u_k}{\partial x_i}\right) + (B + 2C)\left(\frac{\partial^2 u_k}{\partial x_i\,\partial x_k}\,\frac{\partial u_l}{\partial x_l}\right) \quad (4.1)$$

式中，ρ 是固体介质密度；u，K 分别是剪切模量和压缩模量；A，B，C 是 Landau 和 Lifshitz 引入的三阶弹性常数；F_i 是方程的非线性源项。横波声速 $C_T = (u/\rho)^{1/2}$，纵波声速 $C_L = [(K + 4/3\,\mu)/\rho]^{1/2}$。

　　对于各向同性固体，标准定义的二阶和三阶弹性常数与 Landau 等定义的常数之间的关系可表示为：

$$c_{ijkl} = \lambda \delta_{ij} \delta_{kl} + 2\mu I_{ijkl} ,\, I_{ijkl} = (\delta_{ik} \delta_{jl} + \delta_{il} \delta_{jk})/2$$

$$c_{ijklmn} = 2C \delta_{ij} \delta_{kl} \delta_{mn} + 2B(\delta_{ij} I_{klmn} + \delta_{kl} I_{mnij} + \delta_{mn} I_{ijkl}) +$$

$$\frac{A}{2}(\delta_{ik} I_{jlmn} + \delta_{il} I_{jkmn} + \delta_{jk} I_{ilmn} + \delta_{jl} I_{ikmn}) \tag{4.2}$$

考虑一维简谐波沿 x 轴方向的传播情况，其位移向量可表示为：

$$\boldsymbol{u}(x,t) = u(x,t)\hat{x} + v(x,t)\hat{y} + w(x,t)\hat{z} \tag{4.3}$$

联立式（4.3）和式（4.1）得到：

$$\frac{\partial^2 u}{\partial x^2} - C_L^2 \frac{\partial^2 u}{\partial t^2} = \left(3C_L^2 + \frac{2A+6B+2C}{\rho_0}\right)\frac{\partial u}{\partial x}\frac{\partial^2 u}{\partial x^2} + \left(C_L^2 + \frac{B+A/2}{\rho_0}\right)\left(\frac{\partial v}{\partial x}\frac{\partial^2 v}{\partial x^2} + \frac{\partial w}{\partial x}\frac{\partial^2 w}{\partial x^2}\right)$$

$$\frac{\partial^2 v}{\partial x^2} - C_T^2 \frac{\partial^2 v}{\partial t^2} = \left(C_L^2 + \frac{B+A/2}{\rho_0}\right)\left(\frac{\partial u}{\partial x}\frac{\partial^2 v}{\partial x^2} + \frac{\partial v}{\partial x}\frac{\partial^2 u}{\partial x^2}\right) \tag{4.4}$$

$$\frac{\partial^2 w}{\partial x^2} - C_T^2 \frac{\partial^2 w}{\partial t^2} = \left(C_L^2 + \frac{B+A/2}{\rho_0}\right)\left(\frac{\partial u}{\partial x}\frac{\partial^2 w}{\partial x^2} + \frac{\partial w}{\partial x}\frac{\partial^2 u}{\partial x^2}\right)$$

（1）一列声波入射情况。

假设入射声波为纵波，则 $u=v=0$，此时，入射声波形式为 $\boldsymbol{u} = u(x,t)\hat{x}$，即只剩下式（4.4）中第一个方程，针对这种情况，可利用微扰法求解。

（2）两列声波入射情况。

两列声波在固体介质中相互作用时，在满足共振条件情况下，会产生具有和频或差频的混频信号，其幅值大小与材料的三阶弹性常数有关。具体分析如下。

两列声波在固体材料中传播，在体积为 V 区域内发生相互作用，如图 4.1 所示。两列声波需要满足以下共振条件：

$$\boldsymbol{k}_r = \boldsymbol{k}_1 \pm \boldsymbol{k}_2 \tag{4.5}$$

$$\omega_r = \omega_1 \pm \omega_2 \tag{4.6}$$

式中，$\boldsymbol{k}_1$，$\boldsymbol{k}_2$ 分别是两列入射声波的波矢向量；$\boldsymbol{k}_r$ 是混频信号的波矢向量，且 $|\boldsymbol{k}_1| = \omega_1/c$，$|\boldsymbol{k}_2| = \omega_2/c$，$|\boldsymbol{k}_r| = \omega_r/c$；$\omega_1$、$\omega_2$ 分别是两列入射声波的频率；ω_r 是混频信号的频率。

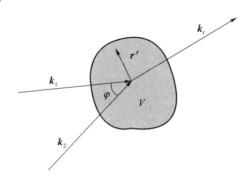

图 4.1　两列声波的相互作用

入射声波需要满足的共振条件可用几何向量表示，如图 4.2 所示。其中，φ 是两列入射声波 $\boldsymbol{k}_1$ 与 $\boldsymbol{k}_2$ 的夹角；θ 是混频信号 $\boldsymbol{k}_r$ 与入射声波 $\boldsymbol{k}_1$ 的夹角，由式

(4.5) 可知入射声波夹角需要满足以下等式：

$$\left(\frac{\omega_1 \pm \omega_2}{c_r}\right)^2 = \left(\frac{\omega_1}{c_1}\right)^2 + \left(\frac{\omega_2}{c_2}\right)^2 \pm 2\,\frac{\omega_1}{c_1}\,\frac{\omega_2}{c_2}\cos\varphi \tag{4.7}$$

式中，$-1 \leqslant \cos\varphi \leqslant 1$，这个限制条件对入射声波的频率比提出了要求。在设计实验时，根据实验材料的声速可以求得入射声波的频率比的范围变化。

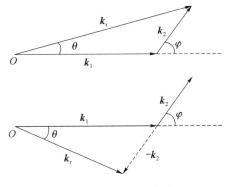

图 4.2 声波矢量合成

由图 4.2 中入射声波的波束向量 $\boldsymbol{k}_1$、$\boldsymbol{k}_2$ 和非线性混频信号的向量 $\boldsymbol{k}_r$ 之间的几何关系，可以得到混频信号夹角：

$$\tan\theta = \frac{\pm\dfrac{c_1}{c_2}d\sin\varphi}{1 \pm \dfrac{c_1}{c_2}d\cos\varphi} \tag{4.8}$$

式中，$d = \dfrac{\omega_2}{\omega_1}$。

1963 年，Jones 和 Kobett 利用微扰法和傅里叶变换法对两列声波在固体材料中相互作用的情况进行了求解。假设入射声波形式分别为：

$$\boldsymbol{u}_1 = \boldsymbol{A}_1\cos(\omega_1 t - \boldsymbol{k}_1 \cdot \boldsymbol{r}),\ \boldsymbol{u}_2 = \boldsymbol{A}_2\cos(\omega_2 t - \boldsymbol{k}_2 \cdot \boldsymbol{r}) \tag{4.9}$$

式中，$\boldsymbol{A}_1$、$\boldsymbol{A}_2$ 分别是入射声波幅值，方向是声波位移偏振方向；$\boldsymbol{r}$ 是观测方向。

共振条件下，在远场处，混频信号解析表达式为：

$$\boldsymbol{u}_r(r,t) = \frac{\boldsymbol{A}_1\boldsymbol{A}_2}{4\pi r\rho}\sum_{\xi=+,-}\left(\frac{(\boldsymbol{I}^\xi\hat{\boldsymbol{r}})\hat{\boldsymbol{r}}}{v_L^2}V_L^\xi + \frac{\boldsymbol{I}^\xi - (\boldsymbol{I}^\xi\hat{\boldsymbol{r}})\hat{\boldsymbol{r}}}{v_S^2}V_S^\xi\right) \tag{4.10}$$

式中，下标 S 表示横波；L 表示纵波；$|\hat{\boldsymbol{r}}| = 1$ 是观测方向上的单位向量。可以分为两部分，式中 $\boldsymbol{I}^+$ 和 $\boldsymbol{I}^-$ 表达式如下：

$$\boldsymbol{I}^\pm = -\frac{1}{2}\left(\mu + \frac{1}{4}A\right)\big[(\boldsymbol{A}_1 \cdot \boldsymbol{A}_2)(\boldsymbol{k}_2 \cdot \boldsymbol{k}_2)\boldsymbol{k}_1 \pm (\boldsymbol{A}_1 \cdot \boldsymbol{A}_2)(\boldsymbol{k}_1 \cdot \boldsymbol{k}_1)\boldsymbol{k}_2 +$$

$$(\boldsymbol{A}_2 \cdot \boldsymbol{k}_1)(\boldsymbol{k}_2 \cdot \boldsymbol{k}_2)\boldsymbol{A}_1 \pm (\boldsymbol{A}_0 \cdot \boldsymbol{k}_2)(\boldsymbol{k}_1 \cdot \boldsymbol{k}_1)\boldsymbol{A}_2 +$$

$$2(\boldsymbol{A}_1 \cdot \boldsymbol{k}_2)(\boldsymbol{k}_1 \cdot \boldsymbol{k}_2)\boldsymbol{A}_2 \pm 2(\boldsymbol{A}_1 \cdot \boldsymbol{k}_1)(\boldsymbol{k}_1 \cdot \boldsymbol{k}_2)\boldsymbol{A}_1\big] -$$

$$\frac{1}{2}\left(K + \frac{1}{3}\mu + \frac{1}{4}A + B\right)\big[(\boldsymbol{A}_1 \cdot \boldsymbol{A}_2)(\boldsymbol{k}_1 \cdot \boldsymbol{k}_2)\boldsymbol{k}_2 \pm$$

$$(A_1 \cdot A_2)(k_1 \cdot k_2) k_1 + (A_2 \cdot k_2)(k_1 \cdot k_2) A_1 \pm$$

$$(A_1 \cdot k_1)(k_1 \cdot k_2) A_2] -$$

$$\frac{1}{2}\left(\frac{1}{4}A + B\right)[(A_1 \cdot k_2)(A_2 \cdot k_2) k_1 \pm (A_1 \cdot k_1)(A_2 \cdot k_2) k_2 +$$

$$(A_1 \cdot k_2)(A_2 \cdot k_1) k_2 \pm (A_1 \cdot k_2)(A_2 \cdot k_1) k_1] -$$

$$\frac{1}{2}(B + 2C)[(A_1 \cdot k_1) \pm (A_2 \cdot k_2) k_2 \pm (A_1 \cdot k_1)(A_2 \cdot k_2) k_1] \quad (4.11)$$

由式（4.10）可知，混频信号的幅值与材料三阶弹性常数有关，同时可看出，混频信号的幅值还与入射声波偏振方向有关，这会导致两列声波的非线性作用除了要受到共振条件限制外，还会受到偏振方向的限制。式（4.10）与作用区域的体积有关，可以写为：

$$V_r^{\pm} = \int_V \sin\left[\Delta_r^{\pm} - \left(k_1 \pm k_2 - \frac{\omega_1 \pm \omega_2}{v_r}\hat{r}\right)r'\right]dV \quad (4.12)$$

式中，r' 是声波相互作用区域内半径向量；$\Delta_r^{\pm}$ 是混频信号的相位，$\Delta_r^{\pm} = (\omega_1 \pm \omega_2)\left(\frac{r}{v_r} - t\right)$。

V. A. Korneev 对于两列声波相互作用情况需要满足的共振条件和偏振条件进行了详细分析，并得到了有解的情况，如表 4.1 所示。其中，"＝"表示只有两列声波共线时才会发生非线性混频现象，"X"表示入射声波满足一定条件就可以发生非线性混频现象，"O"表示两列声波受到偏振条件限制无法发生非线性混频现象；空白处表示两列声波受到共振条件限制无法发生非线性混频现象。

表 4.1 两列声波相互作用情况

项目	非线性混响信号					
		$\omega_r = \omega_1 + \omega_2$			$\omega_r = \omega_1 - \omega_2$	
	入射声波类型	L	SV	SH	L	SV	SH
1	$L(\omega_1) + L(\omega_2)$	＝			＝	X	O
2	$L(w_1) + SV(\omega_2)$	X			X	X	O
3	$SV(\omega_1) + L(\omega_2)$	X					
4	$SV(\omega_1) + SV(\omega_2)$	X	O	O		O	O
5	$SH(\omega_1) + SH(\omega_2)$	X	O	O		O	O
6	$L(\omega_1) + SH(\omega_2)$	O			O	O	X
7	$SH(\omega_1) + L(\omega_2)$	O					
8	$SH(\omega_1) + SV(\omega_2)$	O	O	O		O	O
9	$SV(\omega_1) + SH(\omega_2)$	O	O	O		O	O

4.1.2　两列横波相互作用情况

本节主要研究的是入射声波为两列垂直偏振横波在固体材料中的非线性作用。此种情况下，经过查表 4.1 可知，非线性相互作用生成混频信号的波型为纵波，频率为两列入射声波频率之和。具体分析如下。

若入射声波是垂直偏振横波，则应满足以下等式：

$$\boldsymbol{A}_1 \cdot \boldsymbol{k}_1 = \boldsymbol{A}_2 \cdot \boldsymbol{k}_2 = 0 \tag{4.13}$$

$$k_1 = c_t/\omega_1, k_2 = c_t/\omega_2 \tag{4.14}$$

共振条件变为：

$$\left(\frac{\omega_1 + \omega_2}{c_l}\right)^2 = \left(\frac{\omega_1}{c_t}\right)^2 + \left(\frac{\omega_2}{c_t}\right)^2 + 2\frac{\omega_1}{c_t}\frac{\omega_2}{c_t}\cos\varphi \tag{4.15}$$

进一步可计算入射声波频率比变化范围

$$\frac{1 - c_t/c_l}{1 + c_t/c_l} < \frac{\omega_2}{\omega_1} < \frac{1 + c_t/c_l}{1 - c_t/c_l} \tag{4.16}$$

求出混频信号幅值的解析表达式为：

$$\boldsymbol{u}_r(r,t) = \frac{(\boldsymbol{I}^+ \cdot \hat{\boldsymbol{r}}_s)}{4\pi c_t^2 \rho_0} \frac{\hat{\boldsymbol{r}}_s}{r} V\sin(\omega_1 + \omega_2)\left(t - \frac{r}{c_l}\right) \tag{4.17}$$

式中，$\boldsymbol{I}^+$ 为：

$$\begin{aligned}
\boldsymbol{I}^+ = &-\frac{1}{2}\left(\mu + \frac{1}{4}A\right)[(\boldsymbol{A}_1 \cdot \boldsymbol{A}_2)(k_2^2\,k_1 + k_1^2\,k_2) + \\
&(\boldsymbol{A}_2 \cdot \boldsymbol{k}_1)(k_2^2 + 2\,\boldsymbol{k}_1 \cdot \boldsymbol{k}_2)\boldsymbol{A}_1 + \\
&(\boldsymbol{A}_1 \cdot \boldsymbol{k}_2)(k_1^2 + 2\,\boldsymbol{k}_1 \cdot \boldsymbol{k}_2)\boldsymbol{A}_2] - \\
&\frac{1}{2}\left(K + \frac{1}{3}\mu + \frac{1}{4}A + B\right)(\boldsymbol{A}_1 \cdot \boldsymbol{A}_2)(\boldsymbol{k}_1 \cdot \boldsymbol{k}_2)(\boldsymbol{k}_2 + \boldsymbol{k}_1) - \\
&\frac{1}{2}\left(\frac{1}{4}A + B\right)(\boldsymbol{A}_1 \cdot \boldsymbol{k}_2)(\boldsymbol{A}_2 \cdot \boldsymbol{k}_1)(\boldsymbol{k}_2 + \boldsymbol{k}_1)
\end{aligned} \tag{4.18}$$

定义非线性混频方法使用的非线性参数为混频信号幅值与入射声波幅值乘积之比，具体表达式如下：

$$\beta = \frac{u_r}{A_1 A_2} \tag{4.19}$$

该定义去除了激励信号能量对材料非线性测量的影响，因此在实验测量中采用式（4.19）对样品性能进行评价。

综上所述，固体材料中分布的有限长裂纹由于受到载荷作用会在裂纹尖端区域形成一个塑性区，而裂纹的扩展失稳与该区域的分布情况有关，因此对裂纹尖端塑性区的测量就显得十分必要。

两列声波在固体材料传播过程中，与介质中微损伤相互作用发生非线性混频现象，生成频率为和频或差频的非线性响应信号，并且信号幅值大小与材料的三阶弹性常数有关，可以实现对金属材料塑性形变的测量。基于非线性混频现象的检测方法具有波型转换、频率改变和空间选择的优点，能够有效抑制实验系统非线性对检测结果的影响。

本书主要采用的入射声波信号为两列垂直偏振的横波。根据分析可知，两列垂直偏振的横波在固体材料中发生非线性混频现象，其混频信号的波型为纵波，频率为入射声波频率之和。可见，混频信号的频率和波型都发生了改变，将有效抑制系统非线性对实验结果的影响。此外，本书定义了使用非线性混频现象测量固体材料非线性分布的非线性参数形式，实验过程中需要对非线性混频信号幅值以及两列入射声波信号的幅值进行测量。

4.2　非线性混频实验

建立的观测非线性混频现象的实验装置如图 4.3 所示。由双通道 RITEC RAM-5000-SNAP 非线性超声检测设备同时生成两列周期数为 15，中心频率为 2.2 MHz 的突发信号，加载至发射换能器上，生成两列纵波信号。两列声波信号分别经过角度为 40° 的聚苯乙烯楔块，在 LY12 铝合金样品生成两列横波信号，入射至金属材料中。两列声波信号同时到达固体材料中的某一区域，发生非线性作用，生成和频信号到达接收换能器，并经过信号放大器，被 RITEC 系统接收。可以使用示波器对混频信号进行观测，并在计算机上进行 FFT 计算，对混频信号的频谱进一步进行分析。

图 4.3　实验装置

设计实验时，应该注意两点：第一，入射声波信号脉冲长度不应该过短。周期数较少的入射声波信号会导致发生非线性作用的区域体积较小，进而导致混频信号的能量不足，甚至实验测量失败；第二，实验系统中两列声波应该同时到达作用区域，也就是发射声波信号的两个通道在实验前需要进行时间校准，这一点可以通过 RITEC RAM-5000-SNAP 非线性超声检测系统实现。

4.2.1　实验样品

本实验采用的试样材料是 LY12 铝合金。为了良好地观测非线性混频实验现象，实验设计了两块样品。一块是无缺陷板材，命名为样品 A，尺寸为 80 mm×300 mm。一块含有穿透性缺陷的板材，命名为样品 B，样品尺寸及缺陷位置如图 4.4 所示。实验中测量裂纹尖端塑性区指的是有限长裂纹在加工过程中产生的塑性形变。

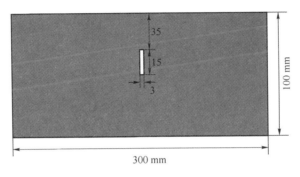

图 4.4　样品 B

4.2.2　楔块角度设计

非线性混频实验中，选择合适角度的楔块可使入射纵波在界面处发生纵波全反射现象，但在样品中传播的声波为垂直偏振的横波。表 4.2 所示为实验试样和楔块中声速的大小。入射声波界面处折射情况如图 4.5 所示。

表 4.2　声速的大小　　　　　　　　　　　　　　　m·s^{-1}

种类	LY12 铝合金材料	聚苯乙烯
纵波声速	6 383	2 320
横波声速	3 141	1 150

由纵波换能器生成的纵波信号入射在界面处发生折射现象，产生纵波和垂直偏振的横波。由于纵波声速大于横波声速，因此纵波的折射角大于横波的折射角。当入射角达到一定程度时，纵波的折射角达到 90°，此时发生纵波全反射现象，固体材料中只剩下垂直偏振的横波。根据 Snell 定律可知：

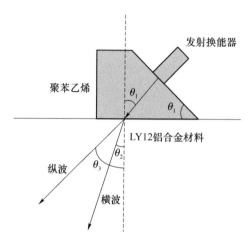

图 4.5　界面处折射现象

$$\frac{\sin\theta_1}{\sin\theta_3} = \frac{c_{L_1}}{c_{L_2}} \tag{4.20}$$

式中，c_{L_1} 是声波在聚苯乙烯楔块中的速度，c_{L_2} 是声波在 LY12 铝合金样品中传播的速度；θ_1 是声波入射角；θ_3 是声波折射角。界面发生纵波全反射时，$\theta_3 =$ 90°。利用表 4.2 的数据可以求得此时入射声波的临界角大小，即：

$$\theta_1 = 39.97°$$

因此，楔块角度应该大于 θ_1，此时在界面处纵波发生全反射现象，透射声波只剩下横波。本实验采用的楔块角度为 40°，大于临界角度，符合设计要求。

同理，利用 Snell 定律可以计算出，当楔块角度为 40°，透射波只有垂直偏振的横波时，其折射角 $\theta_2 = 60.5°$。

4.2.3　接收换能器频谱特性

实验采用的两列入射声波频率都为 2.2 MHz，根据非线性混频现象原理可知，接收到混频信号的频率为 4.4 MHz。实验中采用的接收换能器的频谱如图 4.6 所示，该接收换能器中心频率为 4 MHz，能够很好地提取混频信号，并对其他频率分量起到抑制作用。

4.2.4　接收到混频信号的时间

声波信号在楔块和试样中的传播线路如图 4.7 所示，分为 L_1、L_2、L_3、L_4 四部分。其中，L_1 是纵波在楔块中传播的声程；L_2 是横波在试样中到达作用区域传播的声程；L_3 是非线性混频信号到达试样下表面前传播的声程；L_4 是混频信号在试样下表面传播至接收换能器处的声程。

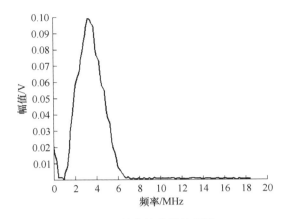

图 4.6　接收换能器的频谱

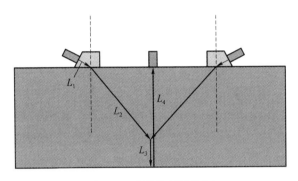

图 4.7　声波传播线路图

根据表 4.2 中声速数据和透射声波折射角度，可以计算接收换能器接收混频信号的时间，即：

$$t = L_1/c_{L_1} + L_2/c_{L_2} + L_3/c_{L_2} + L_4/c_{L_2} \tag{4.21}$$

式中，c_{L_1} 是楔块中纵波声速，c_{L_2} 是样品中纵波声速。

若接收换能器放在试样下表面处，则不需要计算混频信号在样品下表面的反射声程 L_4。

4.3　实验步骤

（1）搭建观测非线性混频现象的实验平台。在试样 A 上放置发射和接收换能器。首先同时激励两个发射换能器，利用示波器观测接收换能器收到的声波信号，并保存到计算机上；然后只激励一个发射换能器，同样将声波信号保存到计算机上，对比两次实验结果。在实验过程中，需要对换能器摆放位置以及入射声波信号发射时间进行校准。

（2）在经过校准的实验平台上，对样品 B 进行测量。在试样 B 上缺陷尖端区域横向方向和纵向方向取数个测量点，如图 4.8 和图 4.9 所示，图中虚线是发射换能器初始摆放位置，实线是发射换能器移动后的摆放位置。

如图 4.8 所示，改变两个发射换能器相对位置，两列声波相互作用区域的深度也随之发生改变，进而实现裂纹尖端区域纵向方向非线性参数的测量。

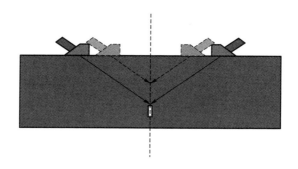

图 4.8　裂纹纵向测量

如图 4.9 所示，保持两个发射换能器的相对位置不改变，同时移动两个发射换能器位置，声波相互作用的区域深度不变，但会在横向方向上发生改变，进而实现裂纹尖端区域横向方向非线性参数的测量。

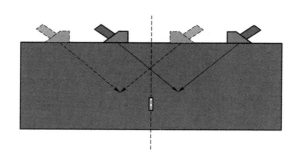

图 4.9　裂纹横向测量

以试样 B 的上表面为参考面，在裂纹尖端区域处纵向方向取 8 个点，具体位置如表 4.3 所示。以样品 B 的左侧面为参考面、裂纹中心线为对称轴，两侧分别取 5 个测量点，具体位置如表 4.4 和表 4.5 所示。

表 4.3　纵向测量点位置

测量点	A_1	A_2	A_3	A_4	A_5	A_6	A_7	A_8
距离/mm	50.92	52.05	53.75	54.88	56.58	57.71	59.41	62.24

表 4.4 左侧横向测量点位置

测量点	B₁	B₂	B₃	B₄	B₅
距离/mm	135	138	141	144	147

表 4.5 右侧横向测量点位置

测量点	C₁	C₂	C₃	C₄	C₅
距离/mm	153	156	159	162	165

（3）对试样 B 的固有非线性参数进行测量。为了明显测量出固体材料中裂纹尖端区域非线性参数的变化，需要对试样 B 的固有参数进行测量，对测量得到裂纹尖端区域的非线性参数进行归一化处理，从而得到裂纹尖端区域非线性参数的相对变化。

4.4 实验结果分析

按照实验步骤第一步，接收到的声波信号如图 4.10 所示。图 4.10（a）是两个换能器同时激励时，接收到的声波信号；图 4.10（b）是只有一个换能器激励时，接收到的声波信号。

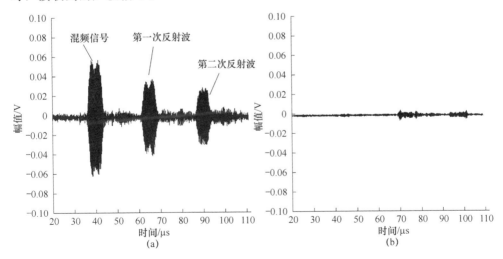

图 4.10 两次实验结果对比

（a）混频信号；（b）系统噪声

由图 4.10（a）可看出，当两个换能器同时激励时，接收换能器接收到非线性混频信号及其在样品上、下表面产生的一次反射波和二次反射波。由于传播衰减，反射波的幅值会越来越小。

由图 4.10（b）可看出，当只有一个换能器激励时，接收换能器只接收到了系统噪声。对比图 4.10（a）和图 4.10（b）我们可以看出，两列声波在固体介质中发生非线性作用生成混频信号，并且混频信号的幅值足够大，可以实现固体材料的非线性空间分布的测量。

按照实验步骤（2），测量固体材料中裂纹尖端区域中纵向和横向的非线性参数分布。再按照实验步骤（3），测量样品固有的非线性参数大小。然后利用样品的固有非线性参数大小对裂纹尖端区的非线性参数进行归一化处理，得到实验测量结果，如图 4.11 所示。

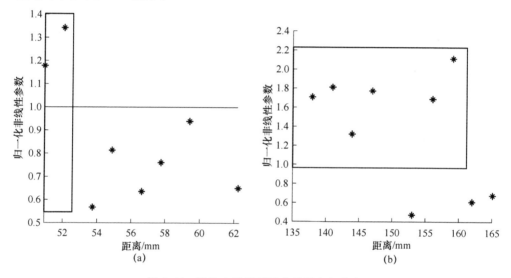

图 4.11　裂纹尖端区域的非线性空间分布

（a）纵向归一化非线性参数分布；（b）横向归一化非线性参数分布

从图 4.11（a）和图 4.11（b）所示的实验结果可知，在裂纹尖端区域内的归一化非线性参数会出现增大。裂纹尖端的塑性区内材料的三阶弹性常数的变化导致实验测量得到的归一化非线性参数的增大，说明了利用非线性混频方法可以实现固体材料中裂纹尖端塑性区的测量，这为研究固体材料断裂失效提供了有效的实验方法。

4.5　非线性混频方法实现样品内部非线性空间测量

实验试样：

实验所用样本为 LY12 铝合金，其具体成分如表 4.6 所示。LY12 铝合金具有强度高，有一定的耐热性，热状态、退火和新淬火状态下成形性能都比较好，热处理强化效果显著等优点，因而被广泛应用于飞机结构、铆钉、导弹构件、卡车轮毂、螺旋桨及其他各种结构件。

表4.6　LY12铝合金化学成分　　　　　　　　　%

化学成分	Si	Fe	Cu	Mn	Mg	Zn	Ni	Cr	Ti	其他	Al
质量分数	0.5	0.5	3.8~4.9	0.3~0.9	1.2~1.8	0.25	0.1	0.1	0.15	0.15	余量

实验样品的几何尺寸如图4.12所示。

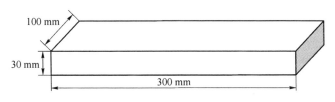

图4.12　LY12铝合金样品示意图

4.6　检测步骤及结果分析

4.6.1　波速测量实验

（1）利用脉冲回波法测量固体中纵波速度。超声探头发射的纵波脉冲进入固体后，以纵波速度在固体中传播，由于声波在固体前后两个表面会发生反射，因此利用超声探头可以接收到多次反射的信号，如图4.13所示。假定相邻两次反射信号的时间差为 t，样品的厚度为 d，则可得到固体中纵波声速 C_L 为：

$$C_L = \frac{2d}{t} \tag{4.22}$$

（2）利用纵波探头测量固体中横波速度。由于横波探头的频率通常比较低，若采用横波脉冲回波法测量，那么测量的误差会比较大。在本实验中，将利用纵波沿界面传播时会产生以临界角传播的横波的性质，采用纵波探头测量横波速度。如图4.14所示，把纵波探头放在样品的一侧并靠近上表面（$L \gg d$），入射纵波 P_1 沿上表面传播时，由于界面的作用产生以临界角 θ_c 传播的横波 S_1（假定横波的速度为 C_s，则 $\sin\theta_c = C_s/C_L$，当横波 S_1 到达下表面时会产生纵波 P_{S1} 和反射波 S_2……这样，通过接收产生的一系列纵波（P_1，P_{S1}，P_{S2}，…）反射后到达探头的时间，就可以计算出横波的速度。

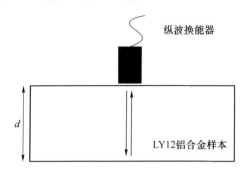

图 4.13　纵波在固体中的多次反射

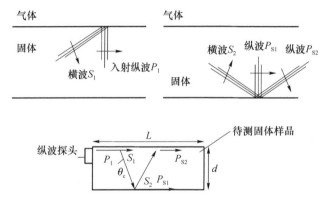

图 4.14　纵波和横波的转化及在固体中传播

两次纵波（P_{Sn} 与 P_{Sn+1}）的时间差 $\tau = \dfrac{d/\cos\theta_c}{C_S} - \dfrac{d\tan\theta_c}{C_L}$，则横波的速度为：

$$C_S = \frac{C_L}{\sqrt{1 + (C_L\tau/d)^2}} \qquad (4.23)$$

由于需要同时接收上、下两个表面产生的声波，因此需要让实验所使用的纵波换能器的发射面的有效直径略大于样品的厚度 d，以保证测量时把换能器面放在样品端面的中心处。

把探头放在样品最大平面的中心附近（用少量蜂蜜作耦合），利用示波器测量回波时间。要求用第 3 个（或以上）回波和第 1 个回波的时间差（要求时间差值大于 10 μs）来计算回波时间，这样可以提高时间的测量精度。

4.6.2　测量结果

根据以上测量纵波和横波声速的实验原理及步骤，搭建如图 4.15 所示的实验平台。

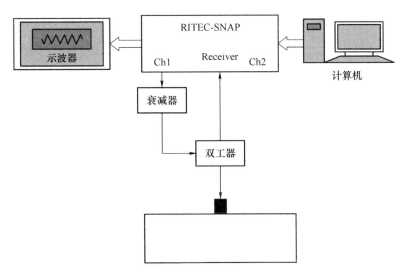

图 4.15　波速测量实验装置

从示波器上读出声波时域波形，并记录回波信号达到时间。记录如表 4.7 和表 4.8 所示。

表 4.7　纵波波速测量数据

接收到回波次数	1	2	3	4	5
接收到回波时间 $t/\mu s$	12.18	21.70	31.10	40.60	50.00

表 4.8　横波波速测量数据

接收到回波次数	1	2	3
接收到回波时间 $t'/\mu s$	97.06	105.46	113.96

由表 4.7 和表 4.8 可计算得出 LY12 铝合金中纵波波速与横波波速。

（1）纵波波速计算。

① $$\tau_1 = T_3 - T_1 = 31.10 - 12.18 = 18.92(\mu s)$$

$$\tau_2 = T_4 - T_2 = 40.60 - 21.70 = 18.90(\mu s)$$

$$\tau_3 = T_5 - T_3 = 50.00 - 31.10 = 18.90(\mu s)$$

② $$\bar{\tau} = \frac{1}{n}\sum_{i=1}^{n}\tau_i = \frac{1}{3}(18.92 + 18.90 + 18.90) = 18.907(\mu s)$$

③ $$\Delta\tau_1 = |\bar{\tau} - \tau_1| = |18.907 - 18.92| = 0.013(\mu s)$$

$$\Delta\tau_2 = |\bar{\tau} - \tau_2| = |18.907 - 18.90| = 0.007(\mu s)$$

$$\Delta\tau_3 = |\bar{\tau} - \tau_3| = |18.907 - 18.90| = 0.007(\mu s)$$

④A类不确定度

$$S_\tau = \sqrt{\sum (\Delta\tau_i)^2/n} = \sqrt{(0.013^2 + 0.007^2 + 0.007^2)/3} = 0.009\,4(\mu s)$$

B类不确定度 μ_τ 忽略不计。

总不确定度

$$\sigma_\tau = \sqrt{S_\tau^2 + \mu_\tau^2} = 0.009\,4(\mu s)$$

⑤ $$\tau = \bar{\tau} \pm \sigma_\tau = 18.9 \pm 0.009\,4\,(\mu s)$$

⑥ $$\bar{t} = \frac{\bar{\tau}}{2} = \frac{18.9}{2} = 9.45(\mu s)$$

$$\sigma_t = \frac{\sigma_\tau}{2} = \frac{0.009\,4}{2} = 0.004\,7(\mu s)$$

相邻两个回波时间差

$$t = \bar{t} \pm \sigma_t = 9.45 \pm 0.004\,7(\mu s)$$

⑦ $$\bar{C}_L = \frac{2d}{\bar{t}} = \frac{2 \times 3\text{ cm}}{9.45\text{ }\mu s} = 6\,349.2\text{ m/s}$$

$$\frac{\sigma_{C_L}}{\bar{C}_L} = \sqrt{\left(\frac{\sigma_t}{\bar{t}}\right)^2} = \sqrt{\left(\frac{0.004\,7}{9.45}\right)^2} \Rightarrow \sigma_{C_L} = 3.2$$

$$C_L = \bar{C}_L \pm \sigma_{C_L} = (6\,349.2 \pm 3.2)\text{m/s}$$

（2）横波波速计算。

① $$\tau_1 = t_2' - t_1' = 105.46 - 97.06 = 8.4(\mu s)$$

$$\tau_2 = t_3' - t_2' = 113.96 - 105.46 = 8.5(\mu s)$$

② $$\bar{\tau} = \frac{1}{2}(\tau_1 + \tau_2) = \frac{1}{2}(8.4 + 8.5) = 8.45(\mu s)$$

③ $$C_S = \frac{C_L}{\sqrt{1 + (C_L\,\bar{\tau}/d)^2}} = \frac{6\,349.2}{\sqrt{1 + (6\,349.2 \times 8.45 \times 10^{-6}/3 \times 10^{-2})^2}} = 3\,098.7(\text{m/s})$$

计算可得 LY12 铝合金中纵波波速为 6 349 m/s，横波波速为 3 099 m/s。

4.6.3 楔块角度的计算

实验中采用的 LY12 铝合金样品和聚苯乙烯楔块的声速如表 4.9 所示。

表 4.9 材料声速　　　　　　　　　　　　　　　　m·s^{-1}

种类	LY12 铝合金	聚苯乙烯
纵波声速	6 349	2 320
横波声速	3 099	1 150

声波信号由超声探头激励产生，传播过程中在聚苯乙烯楔块/实验试样界面处的折射情况如图 4.16 所示。

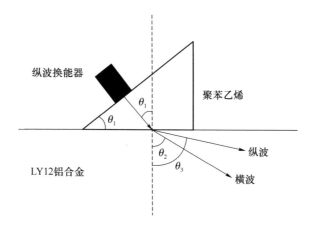

图 4.16 声波信号在楔块/试样界面处的折射情况

固体材料中纵波波速大于横波波速，由斯涅尔定律可知，纵波的折射角大于横波的折射角，当入射角达到一定程度时，纵波的折射角达到 90°，此时发生纵波全反射现象，LY12 铝合金材料中只有折射横波，该入射角称为第一临界角；随着入射角继续增大，横波的折射角达到 90°，在 LY12 铝合金材料中既无折射纵波，也无折射横波，而是在介质表面产生表面波，该入射角称为第二临界角。由于本实验要求在 LY12 铝合金材料中只存在折射横波，因此入射角应介于第一临界角和第二临界角之间。根据斯涅尔定律可知：

$$\frac{\sin \theta_1}{C_{L1}} = \frac{\sin \theta_2}{C_{L2}} = \frac{\sin \theta_3}{C_{S2}} \tag{4.24}$$

式中，θ_1 是声波入射角；θ_2 是横波折射角；θ_3 是纵波折射角；C_{L1} 是超声纵波在聚苯乙烯楔块中的传播速度；C_{L2} 是超声纵波在 LY12 铝合金中的传播速度；C_{S2} 是超声横波在 LY12 铝合金中的传播速度。

结合表 4.9 中声速数据和式（4.24）计算可得：

第一临界角 $\theta_{11} = \arcsin \dfrac{C_{L1}}{C_{L2}} = \arcsin \dfrac{2\ 320}{6\ 349} = 21.43°$

第二临界角 $\theta_{12} = \arcsin \dfrac{C_{L1}}{C_{S2}} = \arcsin \dfrac{2\ 320}{3\ 099} = 48.47°$

所以当入射角 θ_1 满足 $21.43° < \theta_1 < 48.47°$ 时，在界面处，纵波会发生全反射，而横波不会发生全反射，即在 LY12 铝合金中只有折射横波存在。

本实验选取楔块角度为 30°，根据斯涅尔定律，可计算出在 LY12 铝合金中传播的横波折射角 $\theta_2 = \arcsin \dfrac{\sin \theta_1 \times C_{S2}}{C_{L1}} = \arcsin \dfrac{\sin 30° \times 3\ 099}{2\ 320} = 41.9°$。

4.6.4 混叠波接收时间计算

本实验中布置超声探头的位置及声波传播路线如图4.17所示。

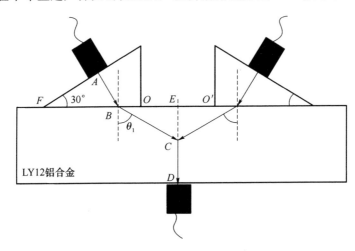

图 4.17 声波传播示意图

由图4.17可知，声波信号由超声探头激励产生，首先在聚苯乙烯楔块中传播，在聚苯乙烯/LY12铝合金样品界面发生纵波全反射现象，而折射横波继续在试样中传播，与另一个超声探头产生的折射横波相遇发生混频现象，产生的纵波信号被接收探头接收。将声波信号传播路线标记为三段：AB 段为楔块中的纵波；BC 段为试样中的横波；CD 段为试样中的纵波。

实验中，选择适合位置放置发射探头，可测量得 $AF = 30$ mm，在 $\triangle ABF$ 中，$\angle AFB = 30°$，经计算得到：

$$BF = \frac{AF}{\cos 30°} = \frac{30}{\sqrt{3}/2} = 34.64(\text{mm}), AB = AF \cdot \tan 30° = 30 \cdot \frac{\sqrt{3}}{3} = 17.32(\text{mm})$$

已知楔块斜边与一直角边分别为 50 mm、25 mm，可得：

$$OF = \sqrt{50^2 - 25^2} = 43.3(\text{mm})$$

即可求得：

$$BO = FO - FB = 43.3 - 34.64 = 8.66(\text{mm})$$

实验中，两个楔块摆放位置的相对距离为 $OO' = 15$mm，由计算可得：

$$BE = BO + OE = 8.66 + 7.5 = 16.16(\text{mm})$$

$$BC = \frac{BE}{\sin \theta_1} = \frac{16.16}{\sin 41.9} = 24.2(\text{mm})$$

$$CE = \frac{BE}{\tan \theta_1} = \frac{16.16}{\tan 41.9} = 18.0(\text{mm})$$

$$CD = 30 - CE = 30 - 18.0 = 12(\text{mm})$$

综上，声波在各段的传播距离、声速以及传播时间如表 4.10 所示。

表 4.10 接收混频信号时间

传播段	传播距离/mm	声速/($\text{m} \cdot \text{s}^{-1}$)	传播时间/ms
AB	17.32	2 320	7.465 5
BC	24.2	3 099	7.809 0
CD	12	6 349	1.890 0

实验中，激励超声探头电信号的延时为 $t = 2.5 \text{ ms}$，放置在 LY12 铝合金另一侧的接收探头接收到混频信号时的到达时间理论值为：

$$t_1 = t_{AB} + t_{BC} + t_{CD} = 7.465\ 5 + 7.809\ 0 + 1.890\ 0 = 17.164\ 5(\text{ms})$$
$$t = t_1 + \tau = 17.164\ 5 + 2.5 = 19.664\ 5(\text{ms})$$

4.6.5 非线性混频现象观测

基于上述的非共线非线性混频实验平台，连接实验器件，实现平台搭建观测非线性混频现象并将接收的时域信号存储起来。为了验证非线性混频现象，激励双通道信号，样品中有两列声波传播，记录接收时域波形如图 4.18 所示；激励单通道信号，只有一列声波信号（噪声信号）传播，无法发生混频现象，记录接收时域波形如图 4.19 所示。

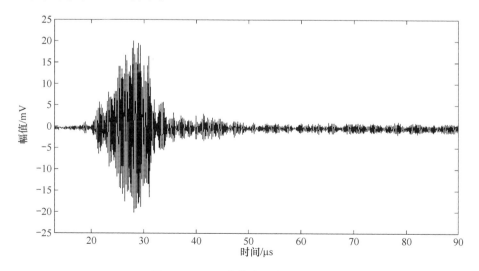

图 4.18 双通道激励接收时域波形

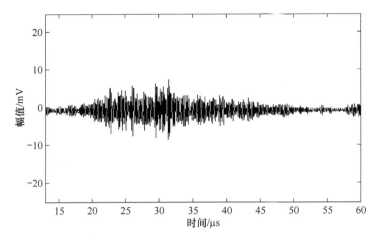

图 4.19 单通道激励接收时域波形

由图 4.18 可以看出，激励双通道时，接收信号在 19.58 μs 处有明显的回波信号，与理论计算值接收混频信号时间 19.664 5 μs 十分相近，由此可以判断，该信号是两列声波相遇发生混频现象产生的非线性信号。

在图 4.19 中，只有噪声信号，在 19.8 μs 处没有出现图 4.18 所示的明显回波信号，且峰值只有 5 mV。分别将两路通道单独激励的接收信号叠加，并与图 4.18 中混频信号做差处理，所得差信号如图 4.20 所示。

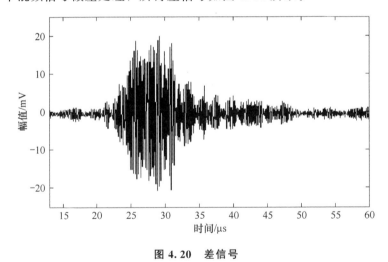

图 4.20 差信号

由图 4.20 可知，差信号峰值为 14.85 mV，这说明 LY12 铝合金的非共线非线性响应很明显。

对接收到混频信号进行傅里叶变换，得到混频信号频谱如图 4.21 所示。

根据非共线波束混频理论可知，理论上接收非线性混频波的频率为 4 MHz。由频谱图 4.21 可知，接收到的回波信号频率集中在 4 MHz，与实验理论相符。

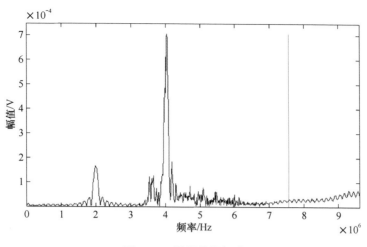

图 4.21　混频信号频谱

4.6.6　样品空间非线性检测

在 LY12 铝合金样品上可观测到非常明显的非共线非线性现象，实验平台鲁棒性能良好，可实现铝合金样品内部的非线性检测。非线性混频现象具有空间选择性，也就是说，通过该方法测量通过改变发射和接收换能器不同的位置，能够得到试样不同区域的非线性混叠波并加以比较，来实现 LY12 铝合金材料内部非线性的检测。

设计在 LY12 铝合金试样的内部横向平面方向上取数个测量点，如图 4.22 所示；在纵向平面方向上取数个测量点，如图 4.23 所示。

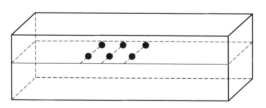

图 4.22　内部横向平面测量点位置示意图

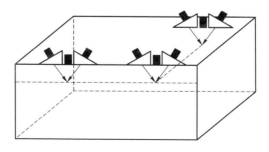

图 4.23　纵向平面方向测量方法示意图

4.6.7 测量结果与分析

因为差信号中包含样品测量点非线性信息，并且在做差过程中可有效抑制系统噪声对测量结果的影响，所以采用差信号来表征试样各点的非线性。分别以试样的左侧面和前表面为参考面，在距参考面一定距离的位置测量数个测量点的差信号，信号幅值如表 4.11 所示。测量点之间相对距离为 1.5 cm。

表 4.11 测量点差信号幅值

距前表面 距左表面	3.0 cm	6.0 cm
8 cm	80.0 mV	93.7 mV
15 cm	75.5 mV	87.5 mV
22 cm	63.9 mV	65.0 mV

绘制表 4.11 中 6 个测量点所对应的差信号幅度变化曲线，如图 4.24 所示。

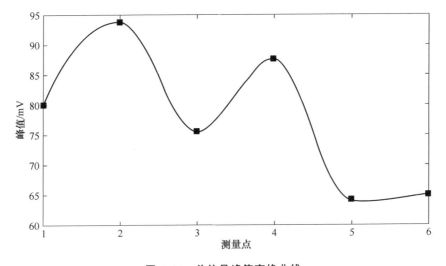

图 4.24 差信号峰值变换曲线

由图 4.24 差信号峰值曲线可以看出，LY12 铝合金试样 1.5 cm 深处平面上 6 个点的差信号幅值变化明显，即每个测量点的非线性都不相同，从而说明材料内部存在差异。由此可见，采用非共线非线性混频方法可实现样品内部属性的检测与评价。

4.7 本章总结

从实验结果可以看出，在裂纹尖端区域内归一化非线性参数变大了，这说明利用非线性混频的实验方法可以实现固体材料中裂纹尖端塑性区的测量，从而为研究固体材料断裂失效提供了实验方法。

本章在已建立的实验平台上，观测了非线性混频现象，并对样品中有限长裂纹尖端区域内非线性参数的空间分布进行测量；计算了实验中楔块角度、混频波的理论接收时间；存储了非线性信号，对时域信号进行了 FFT 处理，得到回波信号频谱图。测量了 LY12 铝合金试样横向平面与纵向平面上 6 点的非线性信息，绘制了差信号幅度曲线，说明了采用混频方法测量样品空间非线性的可行性。

第 5 章
金属拉伸疲劳的声发射技术评价

周期性拉伸载荷作用在金属构件上对构件造成的损伤，叫作拉伸疲劳。该损伤在工业生产和生活安全上十分普遍，例如桥梁铁索、汽车支撑结构等的拉伸疲劳，时刻威胁着人们的生命安全。

作为一种动态测试的无损检测技术，声发射已应用于金属材料性能变化的实时监控中。基于声发射金属疲劳实验过程的监测，分析金属材料塑性变形过程中产生的声发射特性，本章基于声发射金属疲劳实验过程的监测，进行如下研究：

（1）通过对声发射信号进行小波和频谱分析，提取可评价疲劳损伤的特征参数。

（2）通过拉伸疲劳试验，分析不同循环次数、应力比和频率下的金属疲劳损伤的声发射特性。

5.1　实验设备及方案

拉伸疲劳实验平台的主要设备包括疲劳试验机以及拉伸疲劳样品，如图 5.1 所示；声发射技术检测平台主要包括声发射仪检测系统以及数个放大模块，如图 5.2 所示。

图 5.1　疲劳试验机　　　　　　图 5.2　声发射仪检测系统

5.1.1　金属材料试件制作

金属材料拉伸实验中，需选择实验效果明显的金属，经过查询，钢材、铝合金、镁合金是比较合适的材料。本实验选择的是钢材，型号为 Q235 钢。Q235 表示屈服点（σ_s）为 235 MPa 的碳素结构钢。

根据 GB/T 228—2008 制作标准试件（试件编号 P010），相关尺寸如图 5.3（a）所示。其中，Q235 钢材试件制作 3 件，其编号分别为：2 号、6 号、7 号，如图 5.3（b）所示。

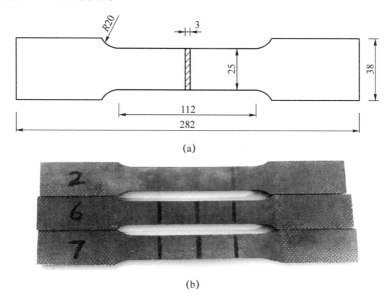

(a)

(b)

图 5.3　金属疲劳试验试件制作示意图及已加工试件

（a）标准试件示意图；（b）金属疲劳实验试件

5.1.2　搭建疲劳试验及声发射检测系统

通过计算机，对控制的疲劳试验机进行金属试件疲劳循环应力加载，将传感器放置在试件两侧，传感器将产生的声发射信号传输至前置放大器，前置放大器对信号进行放大、增加信噪比处理，再连接声发射仪和计算机构成声发射检测系统，如图 5.4 所示。

5.1.3　加载方案

（1）应力比对试件 AE 信号的影响。

共进行两个实验，取出制作好的两个试件：2 号试件与 7 号试件，分别对它

图 5.4　声发射检测系统

们加载中心线 10 kN，振幅为 6 kN 和 3 kN，应力比为 0.25 与 0.54，频率为 20 Hz观察信号变化，具体如表 5.1 所示。

表 5.1　应力比对试件 AE 信号的影响

项目	应力比	频率 f	时间 t	循环周次/万次
2 号试件	0.25（中心线 10 kN，振幅 6 kN）	20 Hz	1 h 23 min	10
7 号试件	0.54（中心线 10 kN，振幅 3 kN）	20 Hz	1 h 23 min	10

（2）频率 f 对试件 AE 信号的影响。

共进行两个实验，取出制作好的两个试件：2 号试件与 6 号试件，分别对它们加载中心线 10 kN，振幅 6 kN，应力比为 0.25，频率分别为 20 Hz 和 15 Hz，观察信号变化，具体如表 5.2 所示。

表 5.2　频率 f 对试件 AE 信号的影响

项目	应力比	频率 f	时间 t	循环周次/万次
2 号试件	0.25（中心线 10 kN，振幅 6 kN）	20 Hz	1 h 23 min	10
6 号试件	0.25（中心线 10 kN，振幅 6 kN）	15 Hz	1 h 51 min	10

5.1.4　拉伸实验过程与记录

（1）疲劳试验机设置：打开疲劳试验机油源及控制系统，按已定的方案设定实验加载参数，设置循环频率，再设定疲劳试验机停机保护等。

（2）试件安装：调节疲劳试验机上横梁到适当位置，先夹紧试件上端，将疲劳试验机各个数据清零，然后准备夹紧下端。打开疲劳试验机力控制显示，在下端快要夹到试件时立刻换成力控制，以减少装夹试件时夹头对试件产生的拉力或压力。注意在试件与夹头接触面垫上橡胶片，用于隔离或减少摩擦信号的传递。

（3）传感器布置：在传感器布置区布置传感器，采用耦合剂粘贴传感器，并用胶带固定。

（4）打开声发射仪器主机，调节前置放大器的增益为 40 dB，打开控制软件，进行参数设定。定位信息栏波速取 4 999 m/s，采样频率取 2.5 MHz，通道数取 2，门限取 2 mV，参数提取为提取全部，硬件模拟滤波器取 100～400 kHz，硬件数字滤波器取直通，存储设置为波形，启动触发方式为门限。

（5）仪器灵敏度测试：先设定门槛值为 40 dB，采用直径为 0.25 mm、伸出量约为 2.5 mm、硬度为 2B 的自动铅笔呈 30°倾斜折断，测定信号幅值大小，若信号振幅连续三次变化不大于 3 dB，则说明传感器耦合良好，检测灵敏。

（6）声发射信号图形显示，设定包括能量、幅值、振铃计数、上升时间、持续时间等参数。

（7）疲劳试验机开始实验，同时采集声发射数据，调节疲劳试验机荷载循环曲线，使其达到预定的循环荷载和幅值。

（8）记录并保存信号数据。

5.2　金属材料拉伸疲劳损伤的声发射特性

在 2 号试件上加载 10 kN 的拉力，振幅为 6 kN，应力比为 0.25，频率为 20 Hz，循环次数为 10 万次。从 2 号试件中截取 3 个时间的声发射信号，分析其整个过程声发射信号的变化。

5.2.1　拉伸实验信号全景图

从全景图中可以看出，2 号试件在 10 万次拉伸过程中，声发射信号先经历了快速增大再缓慢减小，最后平缓波动的趋势，这与试件弯曲时间相同，如图 5.5 所示。

5.2.2　拉伸实验参数特性

在金属材料拉伸实验中，声发射信号的幅值经历了先上升后下降的过程，其中，声发射信号的幅值在 0～3 万次增大到 13 mV，在 3 万～10 万次缓慢下降，如图 5.6 所示。声发射信号幅值变化十分明显，比较适合做声发射分析的特征参数。

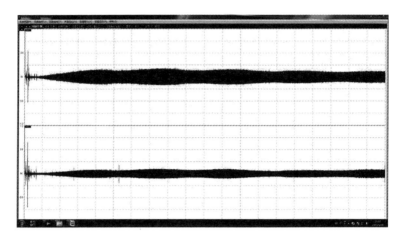

图 5.5   2 号试件全景图

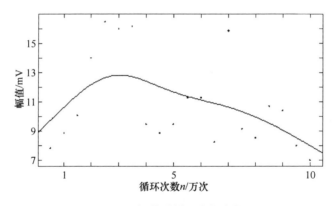

图 5.6   幅值随循环次数变化

在金属材料拉伸实验中，声发射信号的持续时间经历了先上升后下降的过程，其中，持续时间在 0～3 万次增大到 17.3 ms，在 3 万～10 万次缓慢下降，如图 5.7 所示。声发射信号持续时间变化十分明显，比较适合做声发射分析的特征参数。

在金属材料拉伸实验中，声发射信号的上升时间经历了先上升后下降的过程，其中，上升时间在 0～2 万次增大到 450 μs，在 2 万～5 万次快速下降，在 5 万～10 万次平缓波动，如图 5.8 所示。声发射信号上升时间变化十分明显，比较适合做声发射分析的特征参数。

在金属材料拉伸实验中，声发射信号的振铃计数经历了先上升后下降的过程，其中，振铃计数在 0～4 万次快速增大到 1 100，在 4 万～10 万次缓慢下降，如图 5.9 所示。声发射信号振铃计数变化十分明显，适合做声发射分析的特征参数。

在金属材料拉伸实验中，声发射信号的上升计数经历了先下降后不变的过

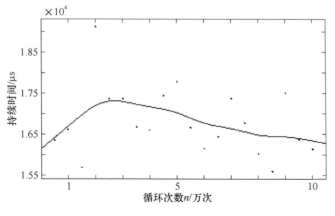

图 5.7　持续时间随循环次数变化

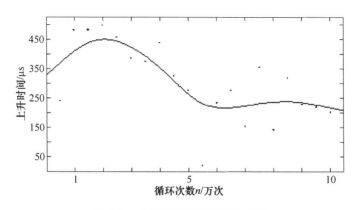

图 5.8　上升时间随循环次数变化

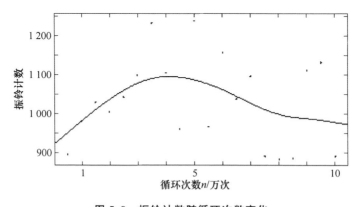

图 5.9　振铃计数随循环次数变化

程，其中，上升计数在 0～3 万次快速减小到 3，在 3 万～10 万次平缓波动不变，如图 5.10 所示。声发射信号上升计数在后期变化不太明显，不适合做声发射分析的特征参数。

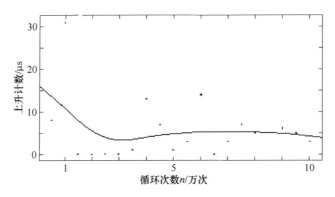

图 5.10　上升计数随循环次数变化

在金属材料拉伸实验中，声发射信号的能量经历了先上升后下降的过程，其中，能量在 $0\sim3.5$ 万次快速增大到 $20\ \mathrm{mV \cdot ms^{-1}}$，在 3.5 万～10 万次缓慢下降，如图 5.11 所示。声发射信号能量变化十分明显，比较适合做声发射分析的特征参数。

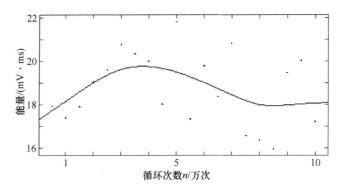

图 5.11　能量随循环次数变化

在金属材料拉伸实验中，声发射信号的 RMS 经历了先上升后下降的过程，其中，RMS 在 $0\sim3.5$ 万次增大到 $1.61\ \mathrm{mV}$，在 3.5 万～10 万次缓慢下降，如图 5.12所示。声发射信号 RMS 变化比较明显，适合做声发射分析的特征参数。

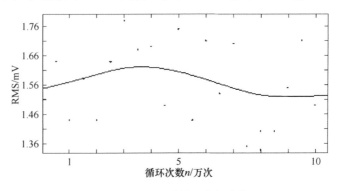

图 5.12　RMS 随循环次数变化

在金属材料拉伸实验中，声发射信号的 ASL 经历了先上升后下降的过程，其中，ASL 在 0～4 万次增大到 16 dB，在 4 万～10 万次快速下降，如图 5.13 所示。声发射信号 ASL 变化十分明显，比较适合做声发射分析的特征参数。

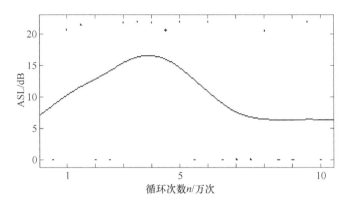

图 5.13　ASL 随循环次数变化

在金属材料拉伸实验中，声发射信号的质心频率经历了先上升后平缓的过程，其中，质心频率在 0～2.5 万次增大到 283 kHz，在 2.5 万～10 万次平缓波动，如图 5.14 所示。声发射信号质心频率变化不太明显，不适合做声发射分析的特征参数。

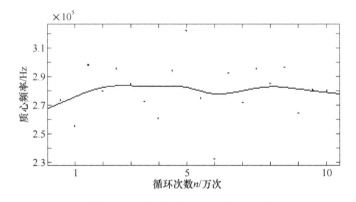

图 5.14　质心频率随循环次数变化

在金属材料拉伸实验中，声发射信号的峰值频率经历了先上升后下降的过程，其中，峰值频率在 0～2 万次增大到 138 kHz，在 2 万～10 万次平缓下降，如图 5.15 所示。声发射信号峰值频率变化不太明显，不适合做声发射特征参数。

综上所述，在 2 号试件加载 10 kN 的拉力，振幅为 6 kN，应力比为 0.25，频率为 20 Hz，循环次数为 10 万次过程中得出声发射参数图，从参数图中可以得出：金属材料拉伸实验中声发射信号参数经历了先升后下降的过程，其中到达最

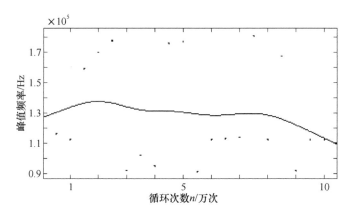

图 5.15 峰值频率随循环次数变化

大时循环次数在 2 万~4 万次。幅值、持续时间、上升时间、振铃计数等参数比较适合做声发射特征参数，上升计数、质心频率、峰值频率等参数因变化不太明显，不适合做声发射特征参数。

5.3 特征参数提取

5.3.1 小波选择

声发射信号做小波分析时，小波基与尺度可以有许多选择，比如可选 dB 小波、sym 小波、haar 小波等，尺度分解层数可选 1、2、3 层等。选取 2 号试件，加载中心线 10 kN，振幅为 6 kN，应力比为 0.25，频率均为 20 Hz，截取一个声发射信号，通过对比各个小波的效果，选择合适的小波，如图 5.16 和图 5.17 所示。

通过对比 dB5 小波与 sym8 小波分析效果图可以看出：sym8 小波比 dB 小波的声发射能量更集中，主要集中在 D3 和 D4 层，D3 和 D4 层的幅值在 5 mV，D1 层的幅值为 0.2 mV，D2 和 D5 层幅值为 1 mV，本实验选择 sym8 小波 5 尺度分析比较适合。

5.3.2 声发射过程中频率变化

通过 sym8 小波对 3 个信号进行 5 尺度分析时，先对信号进行消噪，分析其信号变化，如图 5.18 所示。

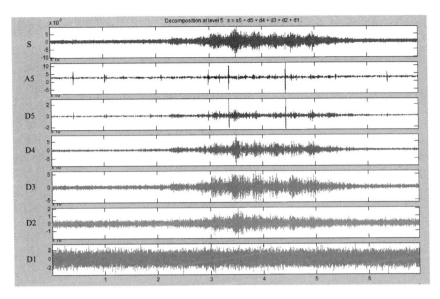

图 5.16 dB5 小波 5 尺度分析结果

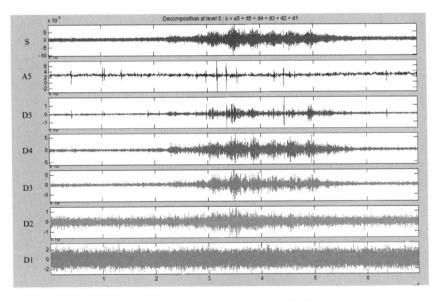

图 5.17 sym8 小波 5 尺度分析结果

从整体信号看出声发射类型都没发生大的变化，信号都为连续性声发射。消噪后的声发射信号效果十分明显，把幅值比较小的噪声信号大部分除去，保留了主要的声发射信号，小波选择合适。

运用 sym8 小波 5 尺度分析及频谱，可以看出声发射在各个频段中的变化，如图 5.19 所示。

由图 5.19 中可以看出，信号 D1 层幅值主要为 0.3 mV，D2 层幅值主要为

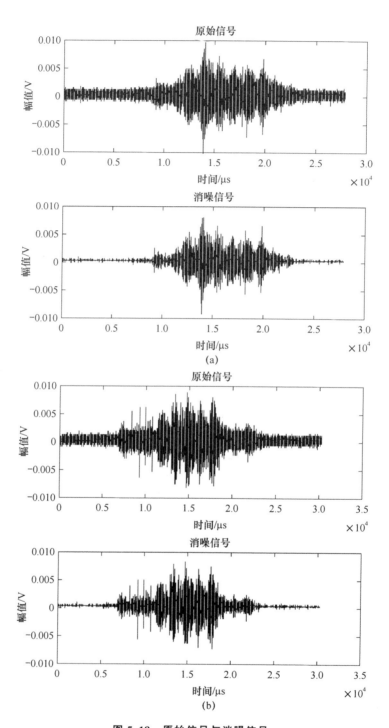

图 5.18　原始信号与消噪信号

（a）第一个信号与消噪信号；（b）第二个信号与消噪信号

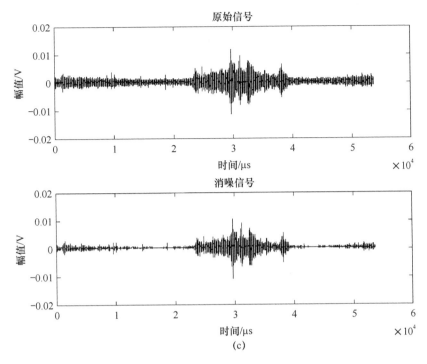

图 5.18 原始信号与消噪信号（续）

（c）第三个信号与消噪信号

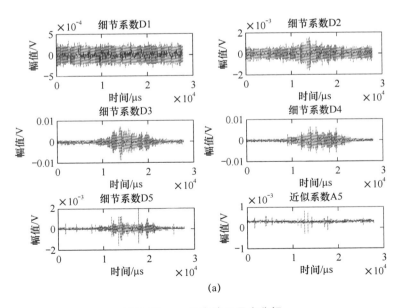

（a）

图 5.19 sym8 小波 5 尺度分解

（a）第一个信号的 5 尺度分析

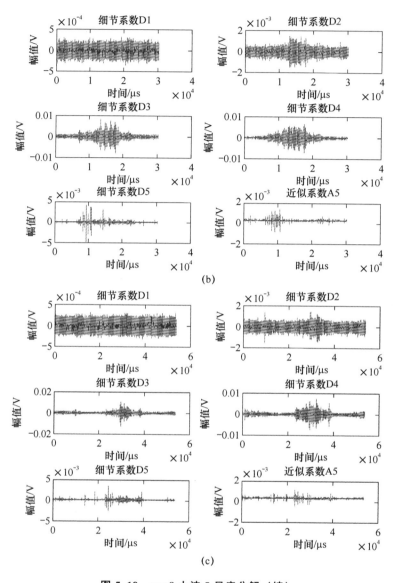

图 5.19 sym8 小波 5 尺度分解（续）

（b）第二个信号的 5 尺度分析；（c）第三个信号的 5 尺度分析

2 mV，D3 和 D4 层幅值主要为 8 mV，D5 层和 A5 层幅值主要为 0.1 mV 以下。因此，声发射信号主要集中在 D3、D4 层，分析其频谱可以看出频率成分化，如图 5.20 所示。

由图 5.20 中可以看出，声发射信号 D1 和 D2 层幅值在 0.3 mV 以下，D3 和 D4 层幅值主要约为 60 mV，A5 幅值主要约为 3 mV，D5 层幅值主要约为 90 mV。信号频率主要在 D3、D4 层，主频率集中在 50～100 kHz，次频率集中在 45 kHz、150 kHz、180 kHz。其中主频与次频都无明显变化，主频峰幅值变小。

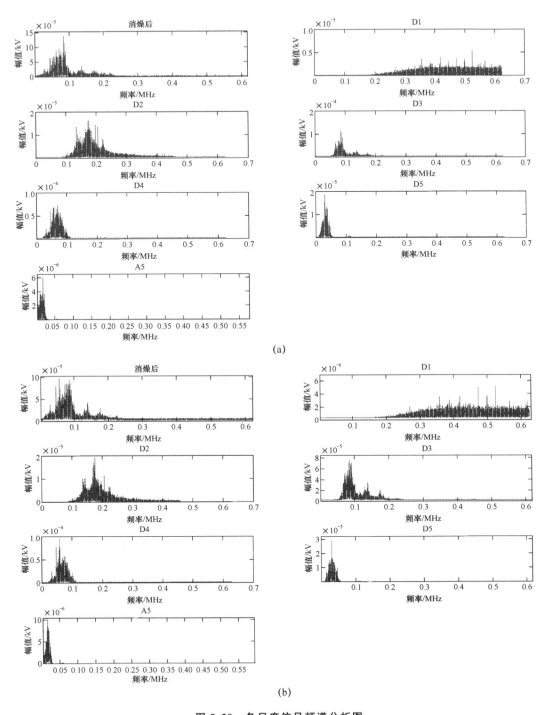

(a)

(b)

图 5.20　各尺度信号频谱分析图

（a）第一个信号的 5 尺度频谱分析；（b）第二个信号的 5 尺度频谱分析

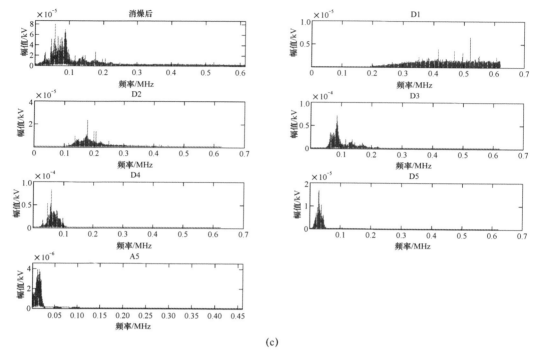

(c)

图 5.20　各尺度信号频谱分析图（续）

（c）第三个信号的 5 尺度频谱分析

5.3.3　不同应力比下的声发射特性

为研究不同的应力比下金属损伤的声发射特性，通过比较两组实验应力比下采集的声发射数据，经过一定的消噪处理，分析声发射特征参数与循环次数的关系曲线，并比较各个参数在疲劳实验中的变化情况。

（1）2 号与 7 号试件拉伸实验信号全景图如图 5.21 和图 5.22 所示。

从图 5.21 和图 5.22 中可以看出，2 号试件与 7 号试件在 10 万次拉伸过程中，声发射信号先经历了快速增大再缓慢减小，最后平缓波动的趋势，这与试件弯曲时间相同。

（2）2 号与 7 号试件参数变化情况。

由图 5.23 和图 5.24 可知，2 号试件与 7 号试件幅值变化趋势相同，但是 2 号试件峰值为 13 mV，7 号试件峰值为 10 mV。从而可以得出：压力比增大时声发射信号幅值变小。

由图 5.25 和图 5.26 可知，2 号试件与 7 号试件持续时间变化趋势相同，但是 2 号持续时间最大为 19 ms，7 号试件持续时间为 0.25 ms。从而可以得出：压力比增大时持续时间变小。

图 5.21　2 号试件全景图

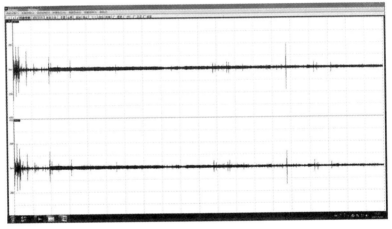

图 5.22　7 号试件全景图

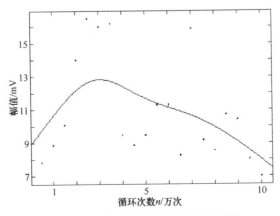

图 5.23　2 号试件幅值随循环次数变化

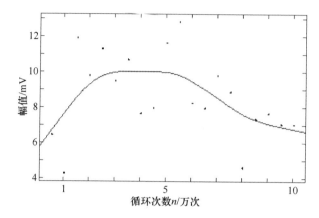

图 5.24　7 号试件幅值随循环次数变化

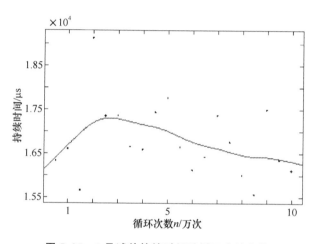

图 5.25　2 号试件持续时间随循环次数变化

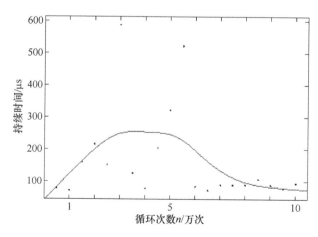

图 5.26　7 号试件持续时间随循环次数变化

由图 5.27 和图 5.28 可知，2 号试件与 7 号试件振铃计数变化趋势相同，但是 2 号振铃计数在 4 万次到达最大，约为 1 100，7 号试件振铃计数在 3 万次到达最大，约为 14。从而可以得出：压力比增大时振铃计数到达最大时间提前且变小。

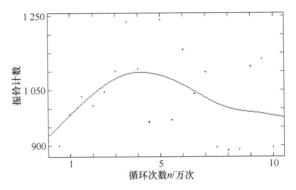

图 5.27　2 号试件振铃计数随循环次数变化

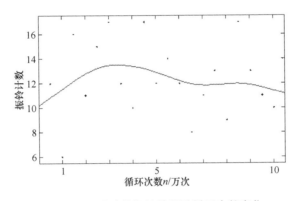

图 5.28　7 号试件振铃计数随循环次数变化

由图 5.29 和图 5.30 可知，2 号试件与 7 号试件能量变化趋势相同，但是 2 号能量最大为 20 mV·ms，7 号试件能量为 0.35 mV·ms。从而可以得出：压力比增大时能量变小。

从图 5.23～图 5.28 可以得出以下结论：金属拉伸实验在不同压力比下的声发射特性不同，幅值、持续时间、振铃计数、能量等参数随着压力比增大而减小，试件到达最大参数的时间提前，金属疲劳损伤程度增加。

（3）2 号与 7 号试件小波分析。

对 2 号试件与 7 号试件进行小波分析，各选一个信号，选用 sym8 小波 5 尺度分析，处理结果如图 5.31 所示。

从整体信号可以看出，声发射类型都没发生大的变化，信号都为连续性声发射。消噪后的声发射信号效果十分明显，幅值比较小的噪声信号大部分被除去，保留了主要的声发射信号，小波选择合适。

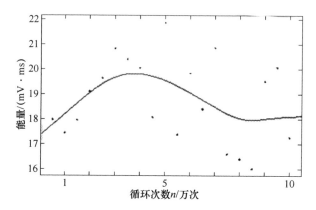

图 5.29 2 号试件能量随循环次数变化

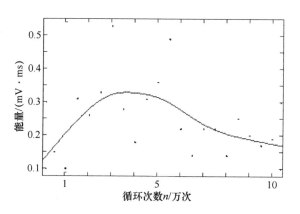

图 5.30 7 号试件能量随循环次数变化

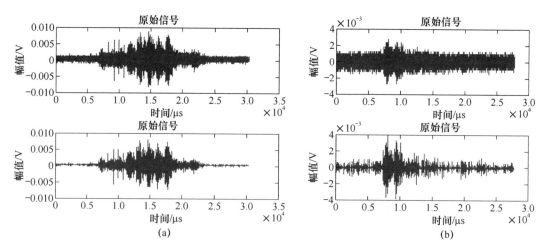

图 5.31 2 号与 7 号试件原始信号与消噪信号

(a) 2 号试件；(b) 7 号试件

运用 sym8 小波 5 尺度分析及频谱图，可以看出声发射在各个频段中的变化，如图 5.32 所示。

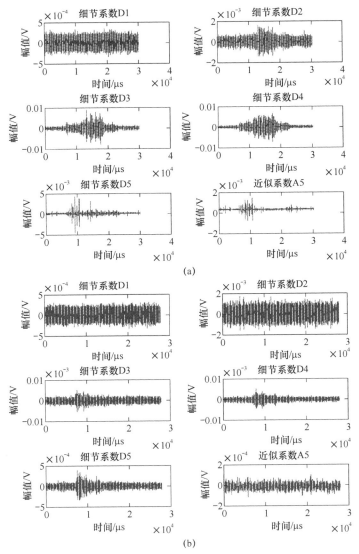

图 5.32 2 号与 7 号试件 sym8 小波 5 尺度分解

（a）2 号试件；（b）7 号试件

由图 5.32 可以看出，信号 D1 层幅值主要为 0.3 mV，D2 层幅值主要为 1 mV，D3 和 D4 层最高幅值约为 0.005 mV，D5 层幅值主要在 0.5 mV 以下，A5 层幅值主要在 0.1 mV 以下。声发射信号主要集中在 D5 层。

（4）2 号与 7 号试件频谱分析。

分析 2 号试件与 7 号试件的频谱可以看出频率成分化，如图 5.33 和图 5.34 所示。

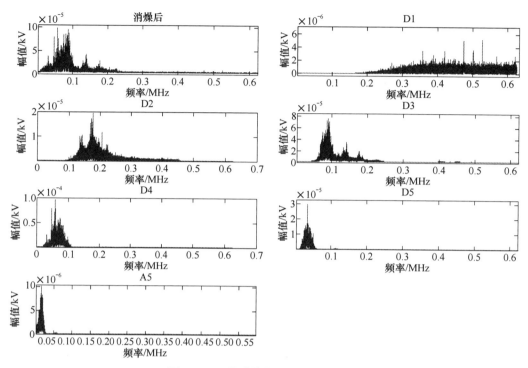

图 5.33 2 号试件各尺度频谱分析图

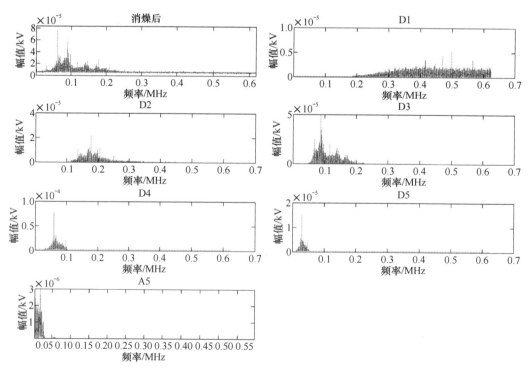

图 5.34 7 号试件各尺度频谱分析图

由图 5.33 和图 5.34 可以看出，声发射信号 D1 和 D2 层幅值在 0.3 mV 以下，D3 和 D4 层幅值主要为 6mV，A5 幅值主要为 0.1 mV，D5 层幅值主要为 3 mV。信号频率主要在 D3、D4 层，主频率集中在 50～100 kHz，次频率集中在 150 kHz、180 kHz。其中，主频率与次频率都无明显变化，主频率峰幅值变小。

5.3.4　不同频率下的声发射特性

为研究不同频率下金属损伤的声发射特性，对两组不同的频率实验中采集的声发射数据进行比较，经过一定的降噪、消噪处理，分析声发射特征参数与循环次数的关系曲线，并比较各个参数在疲劳实验中的变化情况。

（1）如图 5.35 和图 5.36 所示，为 2 号与 6 号试件拉伸实验信号全景图。

图 5.35　2 号试件拉伸实验信号全景图

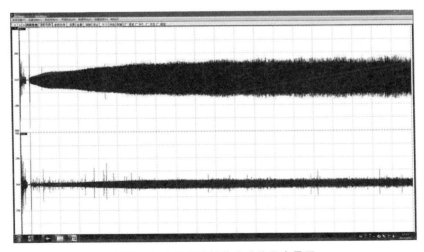

图 5.36　6 号试件拉伸实验信号全景图

由图 5.35 和图 5.36 中可以看出：2 号试件与 6 号试件在 10 万次拉伸过程中，声发射信号先经历了快速增大再平缓波动的趋势，这与试件弯曲时间相同。

（2）2 号与 6 号试件参数变化。

由图 5.37 和图 5.38 可知，2 号试件与 6 号试件幅值变化趋势相同，但是 2 号试件在 3 万次时幅值达到最大，峰值为 13 mV，6 号试件在 5.5 万次时幅值达到最大，峰值为 7.5 mV。从而可以得出：频率减小时幅值变小。

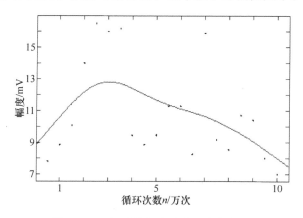

图 5.37　2 号试件幅值随循环次数变化

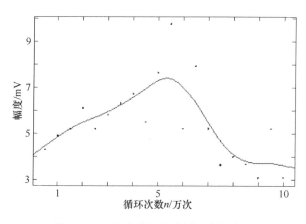

图 5.38　6 号试件幅值随循环次数变化

由图 5.39 和图 5.40 可知，2 号试件与 6 号试件持续时间变化趋势相同，但是 2 号试件持续时间最长为 19 ms，6 号试件持续时间为 3.8 ms。从而可以得出：频率减小时持续时间变短。

由图 5.41 和图 5.42 可知，2 号试件与 6 号试件振铃计数变化趋势相同，但是 2 号试件振铃计数在 4 万次到达最大，为 1 100，6 号试件振铃计数在 2.5 万次到达最大，为 80。从而可以得出：频率减小时振铃计数到达最大值的时间提前且最大值变小。

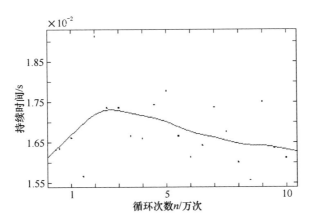

图 5.39　2 号试件持续时间随循环次数变化

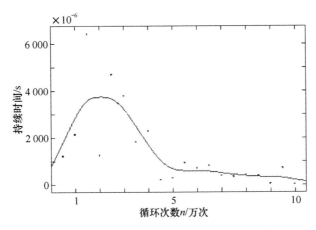

图 5.40　6 号试件持续时间随循环次数变化

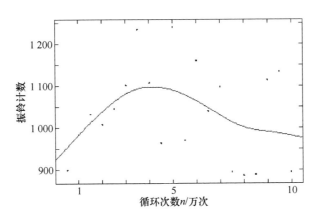

图 5.41　2 号试件振铃计数随循环次数变化

由图 5.43 和图 5.44 可知，2 号试件与 6 号试件能量变化趋势相同，但是 2

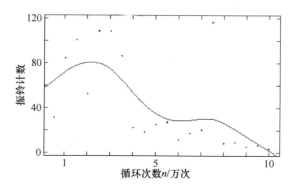

图 5.42　6 号试件振铃计数随循环次数变化图

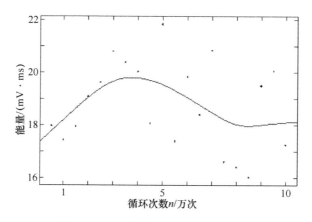

图 5.43　2 号试件能量随循环次数变化

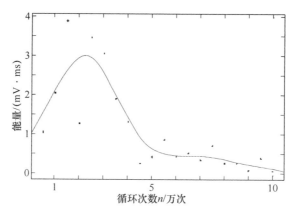

图 5.44　6 号试件能量随循环次数变化

号试件能量在 4 万次到达最大值，最大值为 20 mV·ms，7 号试件在 2.5 万次到达最大能量为 3 mV·ms。可以得出：频率减小时能量变小。

从图 5.37～图 5.44 可以得出以下结论：金属拉伸实验在不同频率下的声发

射特性不同，幅值、持续时间、振铃计数、能量等参数随着频率减小而减小，试件到达最大值的时间提前，金属疲劳寿命增加。

（3）2 号与 6 号试件小波分析。

对 2 号试件与 6 号试件进行小波分析，各选一个信号，选用 sym8 小波 5 尺度分析，处理结果如图 5.45 所示。

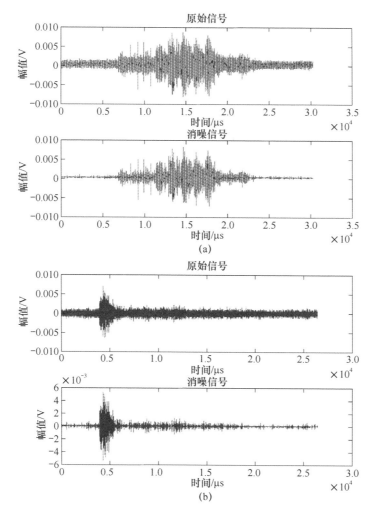

图 5.45　2 号与 6 号试件原始信号与消噪信号

（a）原始信号；（b）消噪信号

从整体信号可以看出，声发射类型都没发生大的变化，信号都为连续性声发射；消噪后的声发射信号效果十分明显，幅值比较小的噪声信号大部分都被消去，保留了主要的声发射信号，因此适合选择小波。

运用 sym8 小波 5 尺度分析及频谱图，可以看出声发射在各个频段中的变化，如图 5.46 所示。

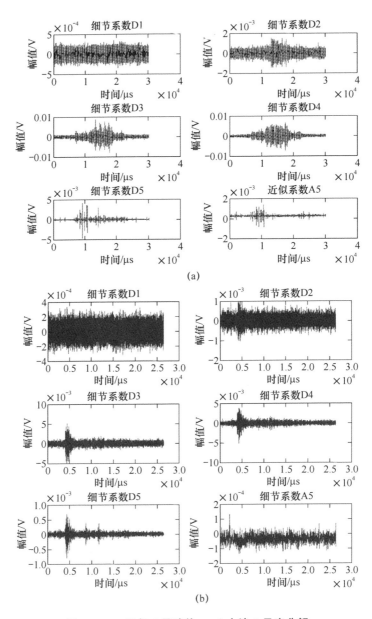

图 5.46　2 号与 6 号试件 sym8 小波 5 尺度分解

（a）2 号试件 sym8 小波 5 尺度分解；（b）6 号试件 sym8 小波 5 尺度分解

由图 5.46 可以看出，信号 D1 层幅值主要为 0.3 mV，D2 层幅值主要为 1 mV，D3 和 D4 层幅值主要在 5 mV 和 5 mV 以下。因此声发射信号主要集中在 D3 层。

（4）2 号与 6 号试件频谱分析。

分析 2 号试件与 6 号试件的频谱可以看出频率成分化，如图 5.47 和图 5.48 所示。

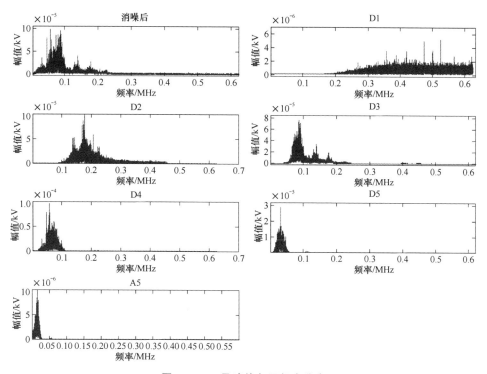

图 5.47 2 号试件各层频率分布

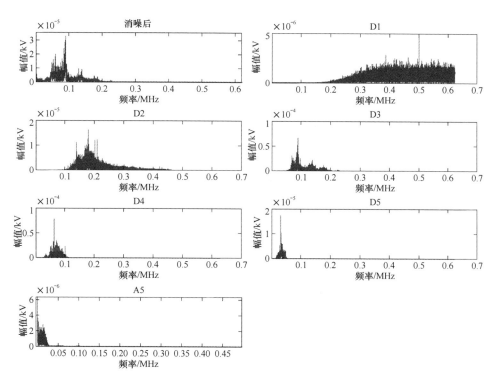

图 5.48 6 号试件各层频率分布

由图 5.47 和图 5.48 可以看出：声发射信号 D1 和 D2 层幅值主要在 0.3 mV 以下，D3 和 D4 层幅值主要为 6 mV，A5 幅值主要为 10 mV，D5 层幅值主要为 3 mV。信号频率主要在 D3、D4 层，主频率集中在 50～100 kHz，次频率集中在 150 kHz、180 kHz。其中，主频率与次频率都无明显变化，主频率峰幅值变小。

5.4 本 章 总 结

金属结构或构件的疲劳失效一直以来都是工程结构和材料学科领域的研究方向，学者们也投入越来越多的时间来研究其损伤机制。声发射技术已经广泛地运用在金属结构或构件的无损检测中，特别是对金属无损检测的定性分析，且取得了较多的研究成果。但由于实际工程结构的复杂性，声发射在损伤定量研究方面存在着很多的困难，很难建立适用性较广的金属材料损伤模型。本章通过分析不同循环次数、应力比和频率下的金属疲劳损伤的声发射特性，得到以下结论：

（1）振铃计数、能量、RMS 及持续时间等声发射特征参数能够反映金属疲劳损伤各个阶段的损伤情况。在宏观裂纹扩展阶段，振铃计数先增长后减少，且随着应力比的增大，振铃计数有减少的趋势。

（2）通过金属材料加载疲劳实验，分析了不同循环次数下的声发射特性。实验表明，在循环次数增大时，金属试件疲劳寿命随着循环次数的增大而减少，其幅值、持续时间、振铃计数、能量都经历了先增大后减小的过程，且主频率幅值随着循环次数的增大而变小。

（3）不同应力比下金属疲劳实验声发射特性有所不同。实验表明，当应力比增大时，金属试件疲劳寿命随着应力比的增大而增加，幅值、持续时间、振铃计数、能量等随应力比的增大而减小，主频率幅值随应力比的增大而减小。

（4）不同频率下金属疲劳试验声发射特性有所不同，当频率减小时，金属试件疲劳寿命增加，幅值、持续时间、振铃计数、能量等减小，而主频率幅值随频率的减小而减小。因此，幅值、持续时间、振铃计数、能量、主频率幅值等参数可评价金属材料疲劳损伤。

第 6 章

金属腐蚀疲劳损伤的声发射技术评价

在上一章，完成了声发射技术分析和实验平台搭建，并将其用于金属拉伸疲劳的检测与评价，实验结果表明声发射技术用于金属性能的在线监测具有可行性。金属拉伸疲劳损伤是拉伸载荷作用的结果，实现此类损伤的在线监测对工业生产安全使用具有重要意义。

本章进一步采用声发射技术实现金属腐蚀疲劳损伤的监测与评价。腐蚀环境和交变载荷共同作用会导致金属材料腐蚀疲劳损伤的产生，该损伤广泛存在于船舶、飞机机翼、桥梁支撑结构中，严重威胁生活安全。对金属腐蚀疲劳损伤的监测一直是无损检测行业的研究重点。

声发射技术是一种通过接收和分析金属材料的声发射信号的波形和参数来评价金属构件性能或结构完整性的无损检测方法。本章基于声发射技术，搭建了声发射监测和腐蚀疲劳实验平台，主要内容包括：

（1）实现了腐蚀疲劳样品的制作，完成了 60 万次腐蚀疲劳的声发射信号监测。

（2）运用频谱分析、小波分析、模糊聚类等多种信号处理手段对腐蚀疲劳损伤过程中的声发射信号进行分析。

（3）提取了可用于评价金属腐蚀疲劳损伤程度的参量。

6.1　声发射监测平台的搭建

试件的制作：

腐蚀疲劳损伤包括化学腐蚀和电解质溶液的腐蚀，所以金属的腐蚀环境不但可以选择酸碱溶液，还可以选择 NaCl 溶液等电解质溶液。在实际情况中，大部分腐蚀介质都是电解质溶液，所以本次实验选择 NaCl 溶液作为腐蚀溶液。经查询资料，得知 NaCl 在 20℃时在 100 g 水中的最大溶解度为 36 g，从而可以求得当 NaCl 溶解度最大时，NaCl 溶液中溶质的质量分数为 26.47%$\left(\dfrac{36}{36+100}\times 100\%\right)$。此次实验设置了 4 个浓度梯度，分别为 10％、15％、20％和 25％，具体配置比例参数如表 6.1 所示。

表 6.1　NaCl 溶液配制比例参数

试件编号	浓度/%	NaCl 晶体/g	纯净水/g	总溶液/g
3 号试件	10	56	500	556
4 号试件	15	88	500	588
10 号试件	20	125	500	625
5 号试件	25	167	500	667

实验使用的材料要选择容易腐蚀、效果明显的金属，经过查询资料，发现钢材、镁铝合金都有很好的效果。5 号钢含碳量低，硬度强度降低，但是韧性和延展性好，是一种十分适于做实验的金属材料。经过比较，最终选择 5 号钢作为腐蚀疲劳损伤监测的金属材料。

4 个试件在不同浓度的 NaCl 溶液中腐蚀 20 天后，进行拉伸疲劳实验。用疲劳实验机夹具夹住试件，设置中心线为 10 kN，振幅为 6 kN，应力比为最小载荷与最大载荷的比值，即 $\dfrac{10\ \text{kN}-6\ \text{kN}}{10\ \text{kN}+6\ \text{kN}}=0.25$，拉伸频率为 20 Hz，具体方案如表 6.2 所示。

表 6.2　实验方案

试件编号	浓度/%	中心线/kN	振幅/kN	应力比	拉伸频率/Hz
3 号试件	10	10	6	0.25	20
4 号试件	15	10	6	0.25	20
10 号试件	20	10	6	0.25	20
5 号试件	25	10	6	0.25	20

本次实验选用的试件为标准试件，如图 6.1 所示，整体长 282 mm，宽 38 mm；腐蚀疲劳损伤区域长 112 mm，宽 25 mm；两边夹头部分长度均为 85 mm。

为了能更好地进行腐蚀，用砂纸对试件的腐蚀区进行打磨，并将两头用防水胶带包好，如图 6.2 所示。

然后将试件置于配置好的溶液中，为了防止水分蒸发使 NaCl 溶液浓度变高，要将瓶口密封好，如图 6.3 所示。

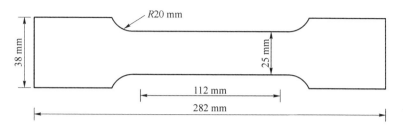

图 6.1　标准试件示意图

图 6.2　试件预处理

图 6.3　用配置好的 NaCl 溶液对试件进行腐蚀

腐蚀 20 天后，取出试件，如图 6.4 所示，对试件进行疲劳拉伸实验。

图 6.4　试件腐蚀图

6.2　实验结果与分析

置于不同 NaCl 浓度溶液下的 4 个试件，均进行了 20 天的腐蚀。分别对 4 个试件进行疲劳实验，应力比为 0.25（中心线 10 kN，幅度 6 kN），频率为 20 Hz，并在实验过程中采集产生的声发射信号，提取特征参量。3 号、5 号、10 号试件拉伸次数均在 60 万次以上，每隔 1 万次截取一个信号，4 号试件只拉伸 1.5 万次左右就发生弯曲，所以 4 号试件每隔 1 000 次截取一个信号，然后对信号进行处理与分析。

6.2.1　频谱分析

（1）3 号试件的频谱分析如图 6.5 和图 6.6 所示。

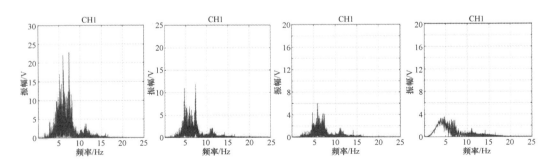

图 6.5　3 号试件 1 通道频谱分析

（2）4 号试件的频谱分析如图 6.7 和图 6.8 所示。

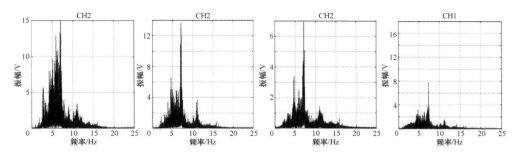

图6.6 3号试件2通道频谱分析

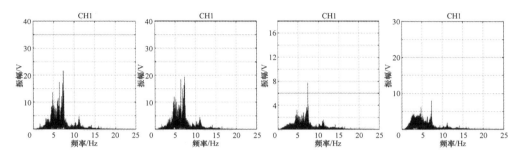

图6.7 4号试件1通道频谱分析

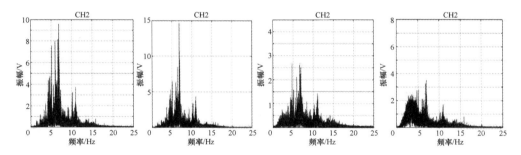

图6.8 4号试件2通道频谱分析

（3）10号试件频谱分析如图6.9和图6.10所示。

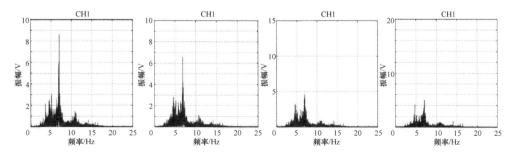

图6.9 10号试件1通道频谱分析

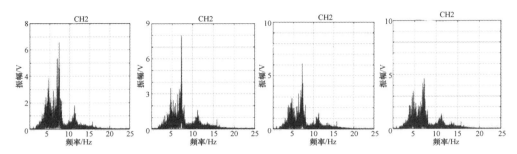

图 6.10　10 号试件 2 通道频谱分析

（4）5 号试件的频谱分析如图 6.11 和图 6.12 所示。

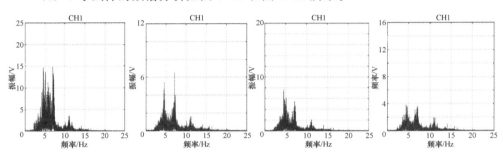

图 6.11　5 号试件 1 通道频谱分析

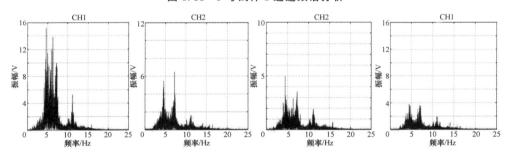

图 6.12　5 号试件 2 通道频谱分析

（5）结果分析。

在金属材料腐蚀疲劳损伤过程中，声发射信号的频谱分布由集中到分散，质心由明显到模糊，这表明信号包含的频率由单纯到复杂，频谱幅值随着循环周次的增加而减小。所以，可以通过对声发射信号的频谱分析实现对金属材料腐蚀疲劳损伤的监测。

6.2.2　小波分析

Daubechies(N) 系列小波，具有正交性、紧支撑性的特点，消失矩为 N，同时在频域具有快速衰减性，能有效表示声发射信号的每一次突变。本次实验采用 dB3 作为小波基。

1. 小波分解

（1）3 号试件小波分解的结果如图 6.13、图 6.14 和图 6.15 所示。

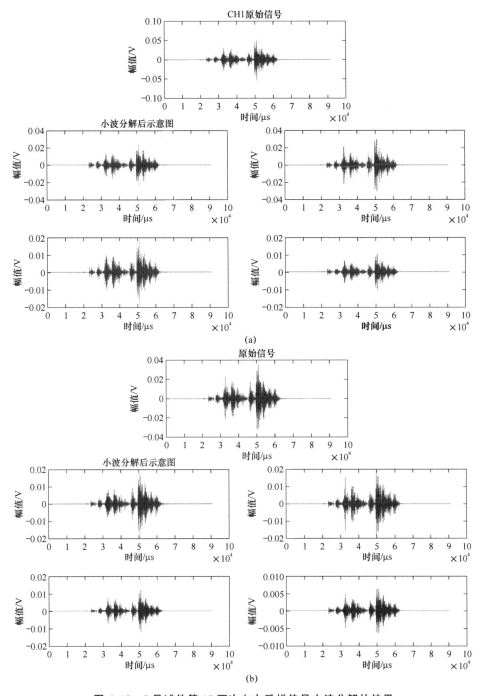

图 6.13　3 号试件第 15 万次左右采样信号小波分解的结果

（a）1 通道；（b）2 通道

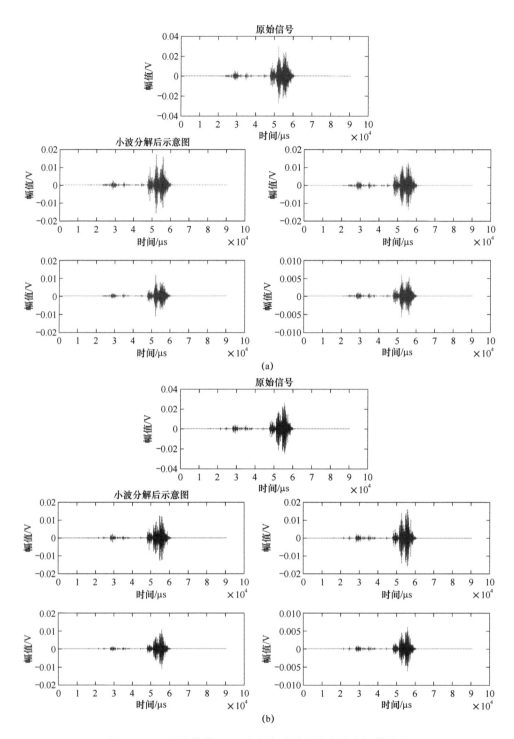

图 6.14　3 号试件第 35 万次左右采样信号小波分解的结果

（a）1 通道；（b）2 通道

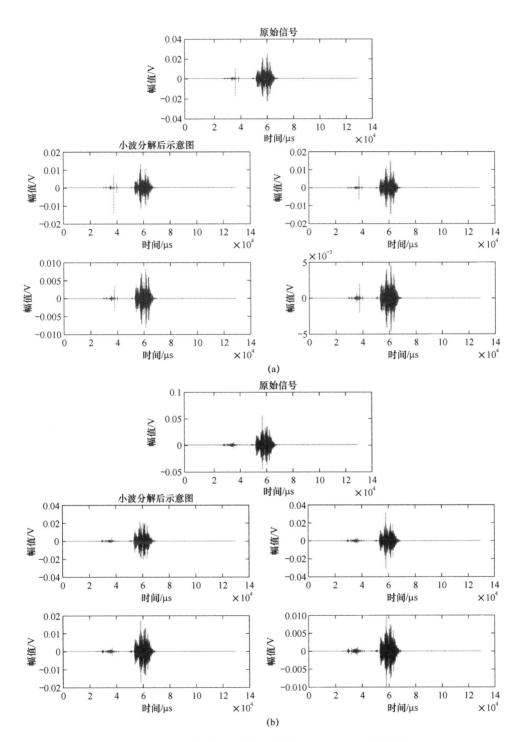

图 6.15　3 号试件第 55 万次左右采样信号小波分解的结果

（a）1 通道；（b）2 通道

（2）4 号试件小波分解的结果如图 6.16、图 6.17 和图 6.18 所示。

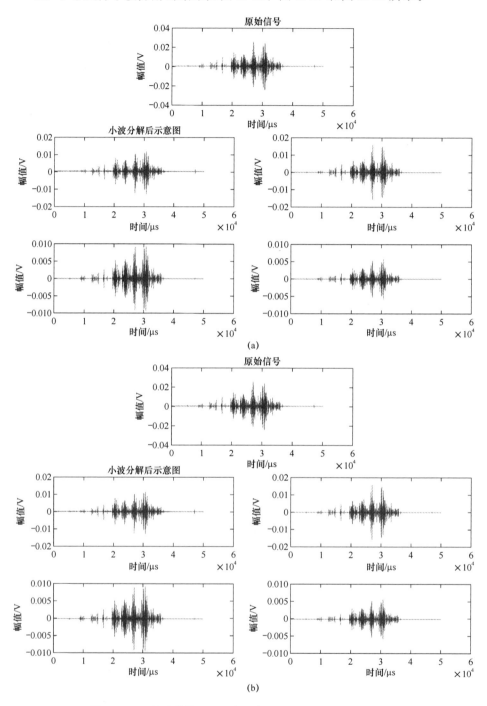

图 6.16　4 号试件第 3 000 次左右采样信号小波分解的结果

（a）1 通道；（b）2 通道

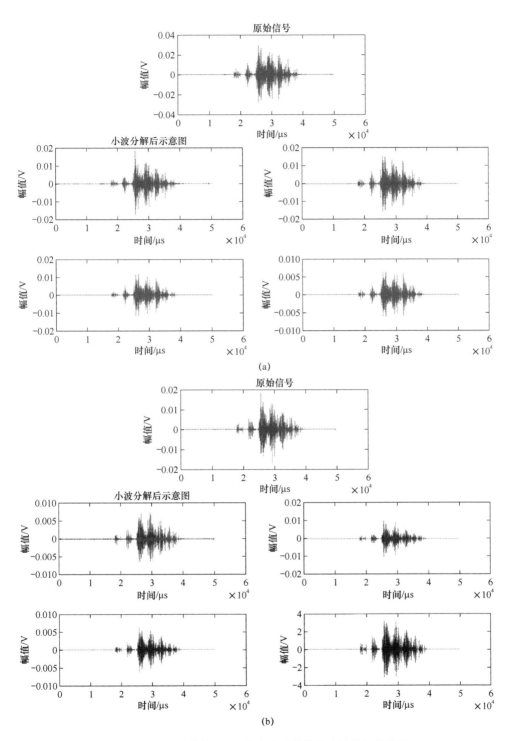

图 6.17 4 号试件第 9 000 次左右采样信号小波分解的结果

（a）1 通道；（b）2 通道

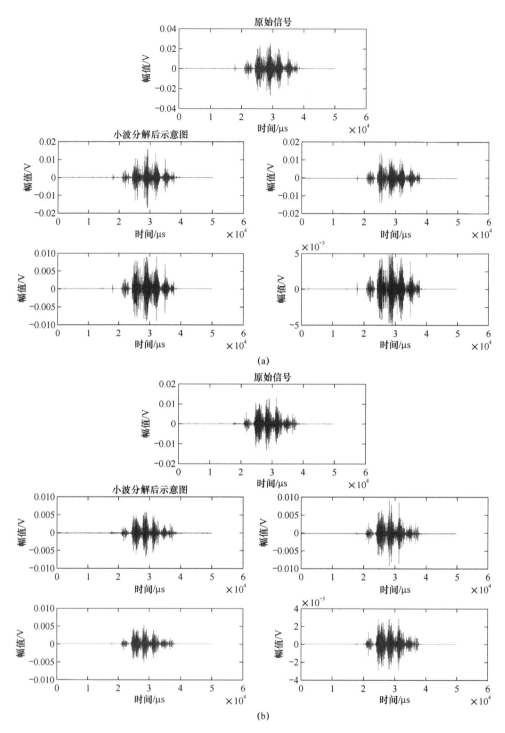

图 6.18 4 号试件第 15 000 次左右采样信号小波分解的结果

（a）1 通道；（b）2 通道

（3）10号试件小波分解的结果如图6.19、图6.20和图6.21所示。

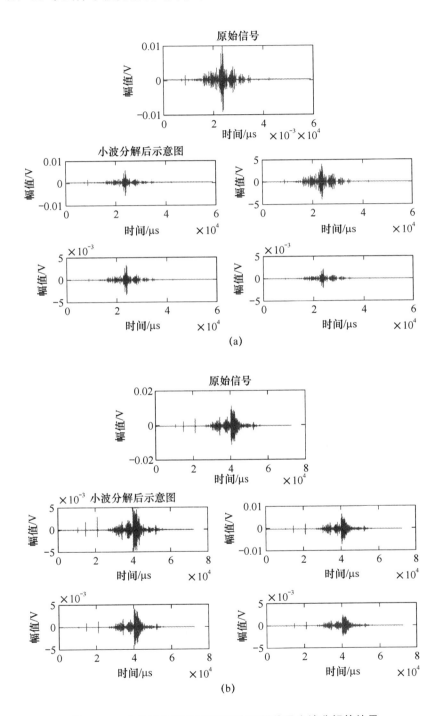

图6.19　10号试件第15万次左右采样信号小波分解的结果

（a）1通道；（b）2通道

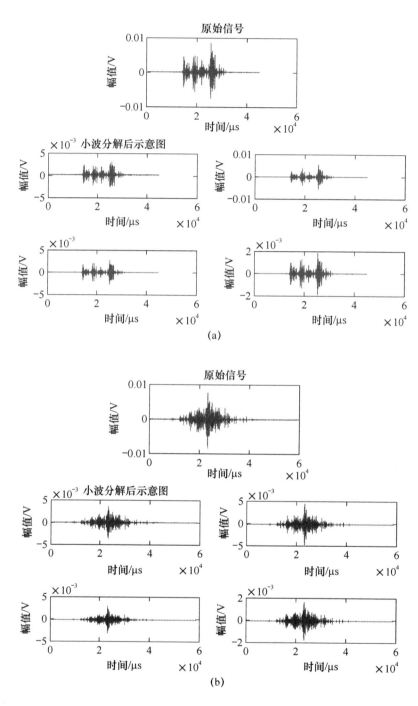

图 6.20 10 号试件第 35 万次左右采样信号小波分解的结果

（a）1 通道；（b）2 通道

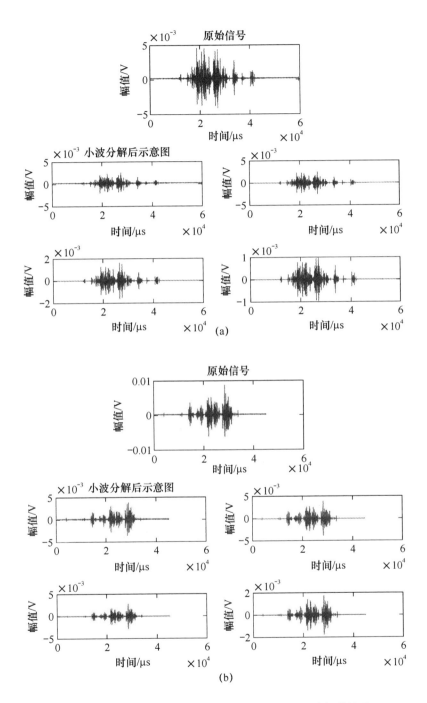

图 6.21　10 号试件第 55 万次左右采样信号小波分解的结果

(a) 1 通道；(b) 2 通道

（4）5 号试件小波分解结果如图 6.22、图 6.23 和图 6.24 所示。

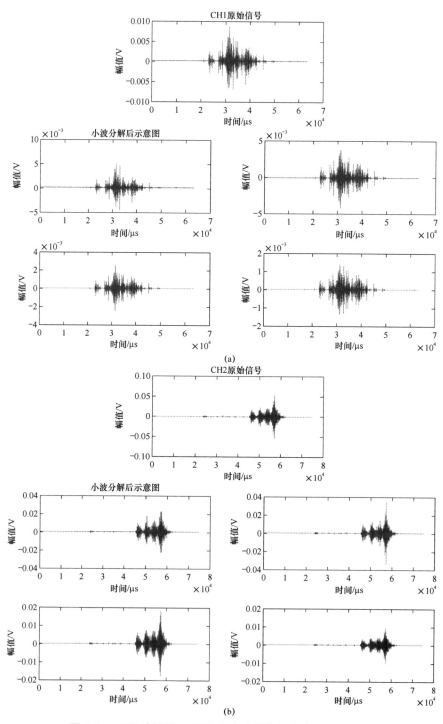

图 6.22　5 号试件第 15 万次左右采样信号小波分解的结果

(a) 1 通道；(b) 2 通道

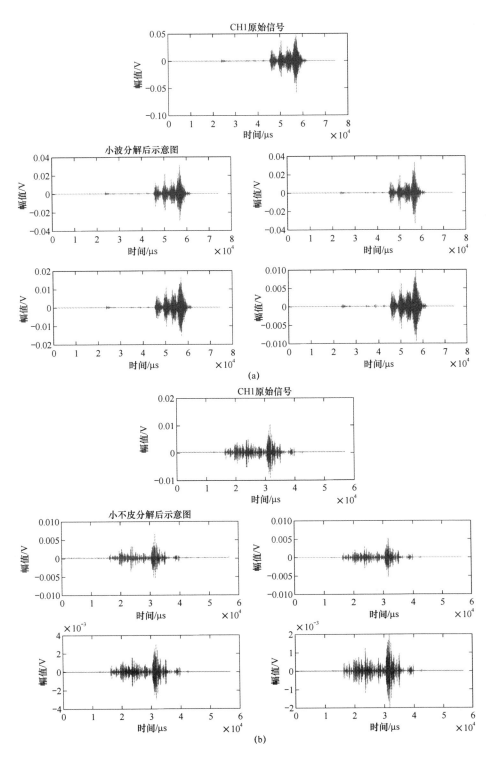

图 6.23 5 号试件第 35 万次左右采样信号小波分解的结果

(a) 1 通道；(b) 2 通道

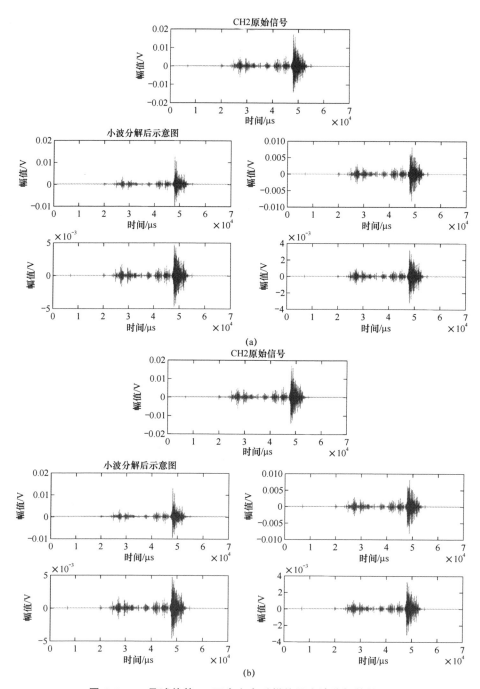

图 6.24　5 号试件第 55 万次左右采样信号小波分解的结果

（a）1 通道；（b）2 通道

（5）结果分析。

随着金属材料腐蚀疲劳周期数增加，大部分信号的细节系数 D1 都有增强，尤其是 10 号试件，增强幅度较大；3 号、4 号、5 号试件 1 通道有较大增强，2 通道则变换不大，所以小波分解信号能否评价金属材料的腐蚀疲劳性能仍需更多数据的验证。

2. 小波重构

（1）3 号试件小波重构信号如图 6.25 和图 6.26 所示。

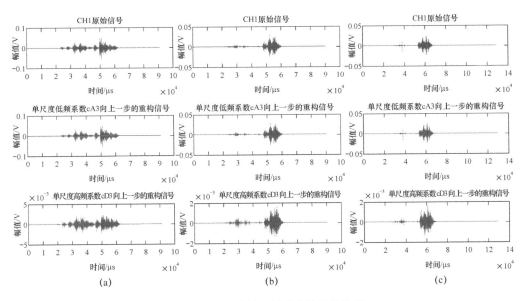

(a)　　　　　　　　　　(b)　　　　　　　　　　(c)

图 6.25　3 号试件 1 通道小波重构信号

（a）第 15 万次采样点；（b）第 35 万次采样点；（c）第 55 万次采样点

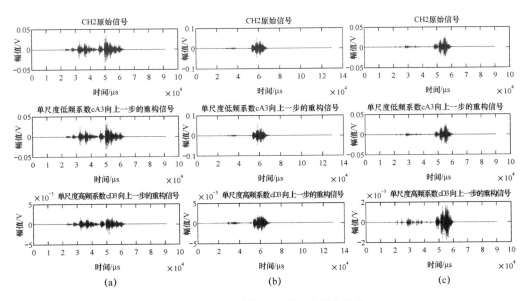

(a)　　　　　　　　　　(b)　　　　　　　　　　(c)

图 6.26　3 号试件 2 通道小波重构信号

（a）第 15 万次采样点；（b）第 35 万次采样点；（c）第 55 万次采样点

（2）4 号试件小波重构信号如图 6.27 和图 6.28 所示。

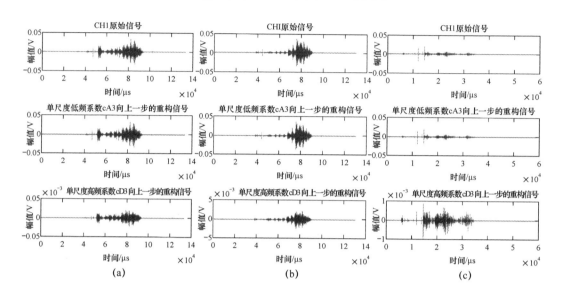

图 6.27　4 号试件 1 通道小波重构信号

（a）第 3 000 次采样点；（b）第 9 000 次采样点；（c）第 15 000 次采样点

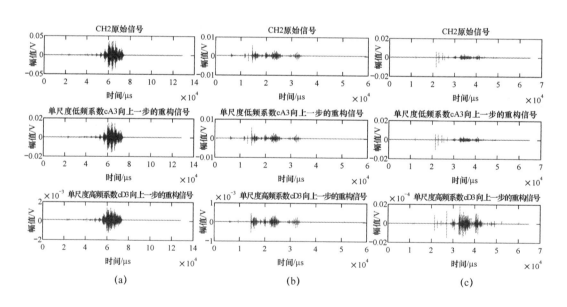

图 6.28　4 号试件 2 通道小波重构信号

（a）第 3 000 次采样点；（b）第 9 000 次采样点；（c）第 15 000 次采样点

（3）10 号试件小波重构信号如图 6.29 和图 6.30 所示。

（4）5 号试件小波重构信号如图 6.31 和图 6.32 所示。

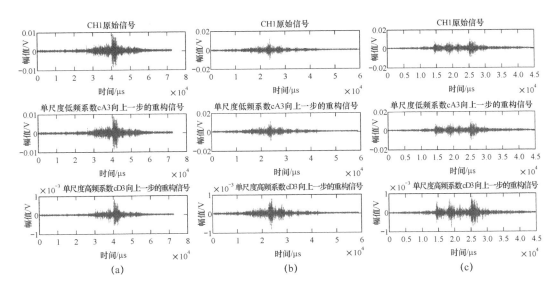

图 6.29　10 号试件 1 通道小波重构信号

（a）第 15 万次采样点；（b）第 35 万次采样点；（c）第 55 万次采样点

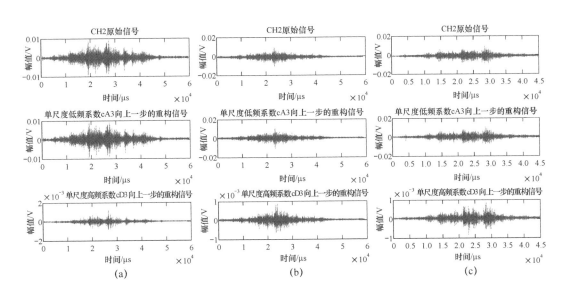

图 6.30　10 号试件 2 通道小波重构信号

（a）第 15 万次采样点；（b）第 35 万次采样点；（c）第 55 万次采样点

（5）结果分析。

在金属材料的腐蚀疲劳损伤过程中，声发射现象减弱，所以声发射原始信号减弱，低频系数的重构信号随着原始信号的减弱而减弱；而高频系数的重构信号却有明显增强，尤其是 4 号试件，在发生弯曲形变过程中，信号极其微弱，但是

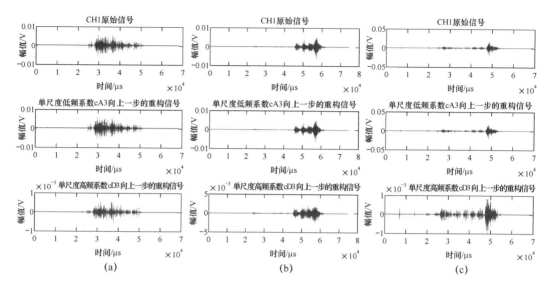

图 6.31　5 号试件 1 通道小波重构信号

（a）第 15 万次采样点；（b）第 35 万次采样点；（c）第 55 万次采样点

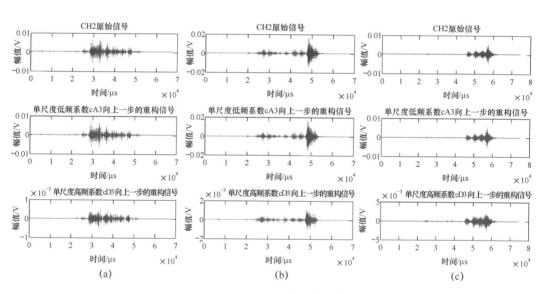

图 6.32　5 号试件 2 通道小波重构信号

（a）第 15 万次采样点；（b）第 35 万次采样点；（c）第 55 万次采样点

高频系数的重构信号却有很大增强。这是由于拉伸阶段初始，样品完成性良好程度高，声发射强度高；拉伸阶段后期，样品内部结构发生断裂情况，样品材质很脆弱，声发射现象强度不高，但是频率增加。所以小波重构信号可以用来评价金属材料的腐蚀疲劳性能。

6.3 特征参数分析

6.3.1 幅度与拉伸次数的关系

各试件幅度与拉伸次数的关系如图 6.33～图 6.36 所示。

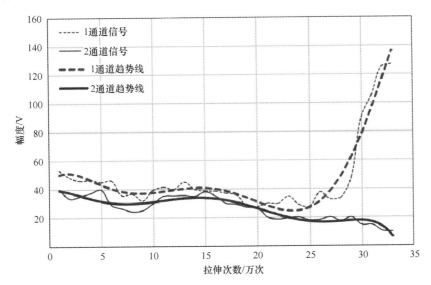

图 6.33 3 号试件幅度-拉伸次数关系

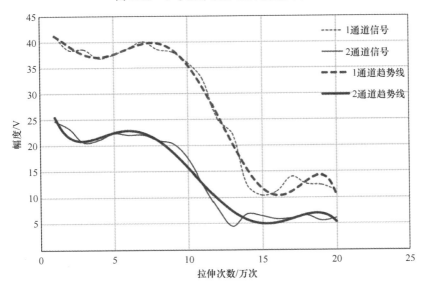

图 6.34 4 号试件幅度-拉伸次数关系

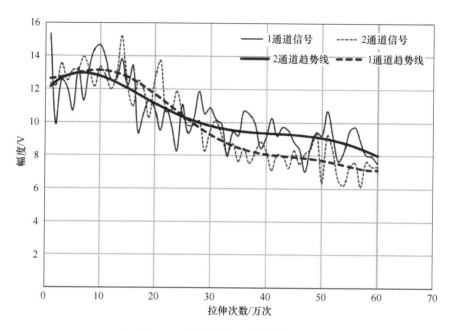

图 6.35　10 号试件幅度-拉伸次数关系图

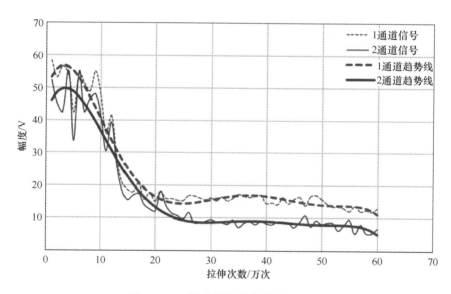

图 6.36　5 号试件幅度-拉伸次数关系

结果分析：在腐蚀疲劳损伤过程中，所有试件的声发射信号均有减弱，幅度降低。3 号试件由于在实验尾期发生弯曲形变，导致一侧的 1 通道信号突然增大；4 号和 5 号试件在前期信号幅度很大，拉伸一段时间后就会发生骤降。所以，在对金属材料腐蚀疲劳损伤的监测中，幅度是尤为重要的一个特征参数。

6.3.2　持续时间与拉伸次数的关系

各试件信号持续时间与拉伸次数的关系如图 6.37～图 6.40 所示。

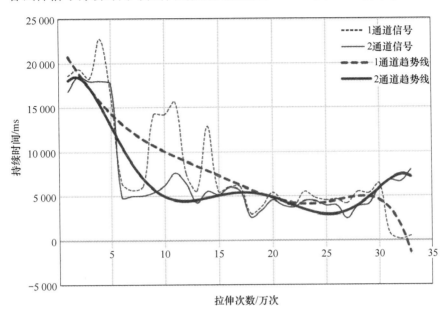

图 6.37　3 号试件信号持续时间-拉伸次数关系

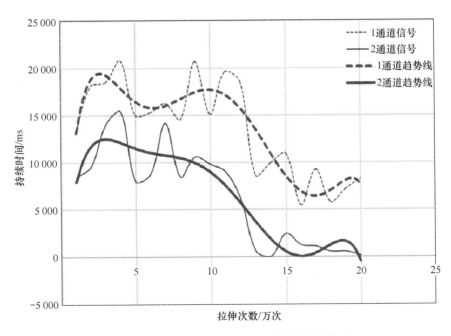

图 6.38　4 号试件信号持续时间-拉伸次数关系

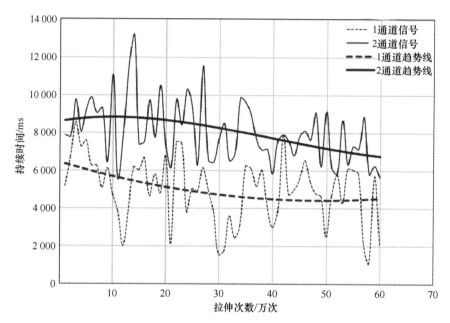

图 6.39　10 号试件信号持续时间-拉伸次数关系

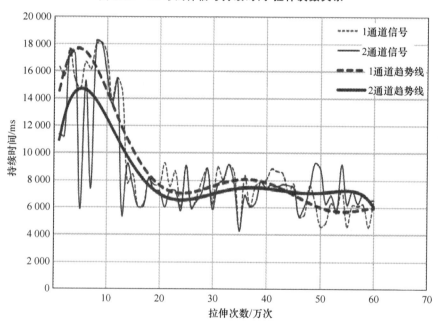

图 6.40　5 号试件信号持续时间-拉伸次数关系

结果分析：在金属材料腐蚀疲劳损伤过程中，信号的强度减弱，导致超过门槛的信号减少，所以信号的持续时间会减小。3 号试件在实验尾期发生弯曲形变，1 通道信号幅度突然增大，信号的持续时间却变得几乎为零；2 通道信号的持续时间反而有所上升；10号试件信号的持续时间整体在缓慢减小；4号、5号试件前期信号的持续时间很长，拉伸一段时间后会突然下降，与幅度类似。所以，信号的持续时间可用于腐蚀疲劳损伤的声发射评价。

6.3.3　振铃计数与拉伸次数的关系

各试件的振铃计数与拉伸次数的关系如图6.41～图6.44所示。

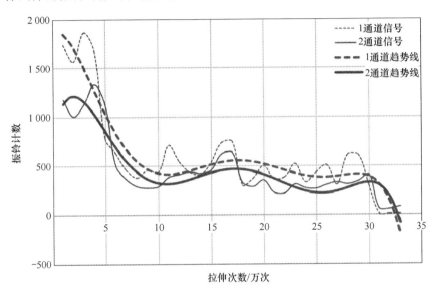

图6.41　3号试件振铃计数-拉伸次数关系

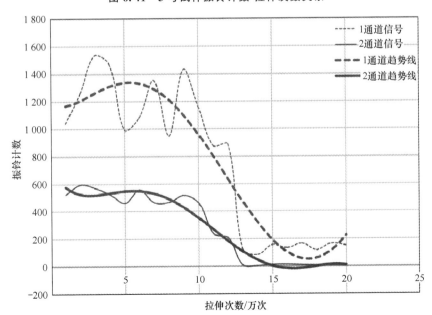

图6.42　4号试件振铃计数-拉伸次数关系

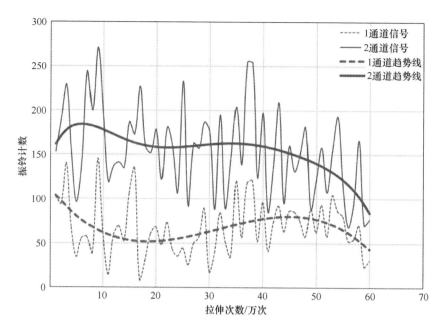

图 6.43　10 号试件振铃计数-拉伸次数关系

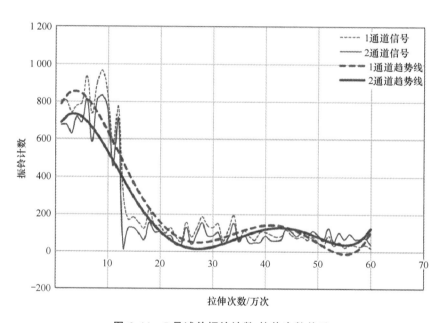

图 6.44　5 号试件振铃计数-拉伸次数关系

结果分析：在金属材料腐蚀疲劳损伤过程中，声发射信号强度减弱，信号超过门槛的部分会变少，从而导致了振铃计数的减少。3 号试件有两个骤降过程；4 号和 5 号试件有一个骤降过程；10 号试件整体缓慢下降。所以，振铃计数可粗略反映声发射信号强度和频度，故可用于声发射活动性评价，但易受门槛值大小的影响。

6.3.4 能量与拉伸次数的关系

各试件的能量与拉伸次数的关系如图 6.45~6.48 所示。

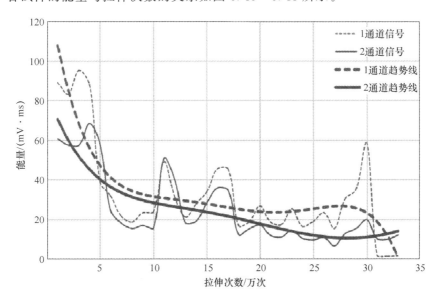

图 6.45 3 号试件能量-拉伸次数关系

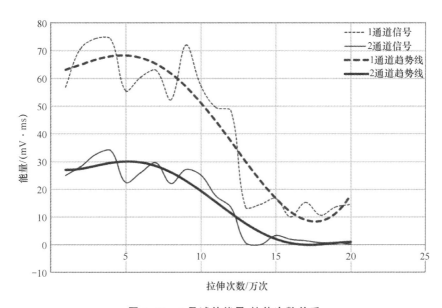

图 6.46 4 号试件能量-拉伸次数关系

结果分析：在金属材料腐蚀疲劳损伤过程中，信号强度的减弱直接导致信号

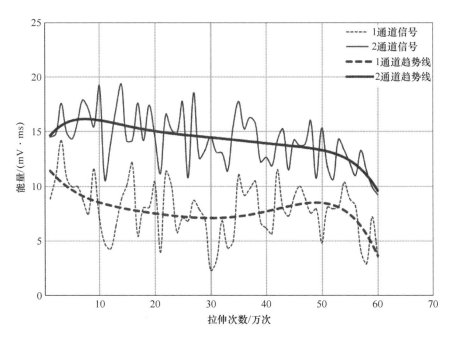

图 6.47　10 号试件能量-拉伸次数关系

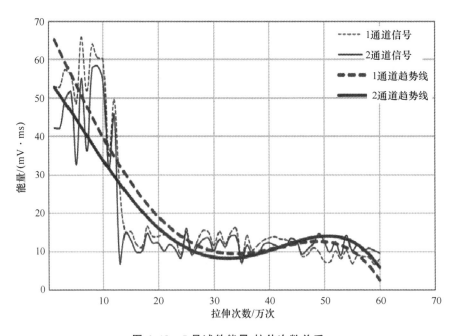

图 6.48　5 号试件能量-拉伸次数关系

能量的减弱。3 号、4 号和 5 号试件都是前期能量很大，拉伸一段时间后能量突然变小，然后缓慢下降；10 号试件的能量缓慢减小，但减小幅度不大。能量的内涵与信号强度相同，只是灵敏度、大小和动态范围不同，可用于腐蚀疲劳损伤的声发射评价。

6.4 本章总结

本章主要将 4 个试件分别在浓度为 10％、15％、20％、25％的 NaCl 溶液中进行频率为 20 Hz，应力比为 0.25（中心线 10 kN，幅值 6 kN）的拉伸，探究了金属材料腐蚀疲劳过程中声发射信号的变化，包括波形的变化和特征参数的变化。

通过对特征参数的分析，发现金属材料腐蚀疲劳损伤过程中，声发射信号的幅度、持续时间、振铃计数、能量均有明显变化，可作为评价金属材料性能的参量。模糊聚类分析对不同试件的聚类结果不明显，仍需进行研究。通过多对声发射信号波形的分析，发现频谱分析结果和小波重构信号效果明显，可用于对金属材料腐蚀疲劳损伤程度的评价。虽然小波分解信号效果较明显，但仍需进行更多实验验证。通过对这些声发射信号变化的分析，可以看出声发射技术对金属材料腐蚀疲劳损伤的监测是可行的。

通过对 4 个试件声发射信号的分析，可以发现金属材料在腐蚀疲劳损伤过程中，可大致分为三个阶段：第一阶段为力学性能的退化，这个过程十分突然，声发射信号的强度骤然变小；第二阶段为腐蚀疲劳损伤的积累，这一过程中，声发射信号的幅度、持续时间、振铃计数和能量等特征参数会缓慢变小；第三阶段为试件弯曲失效，不同试件弯曲后会产生不同的信号。

但是，本次实验中仍有一些不足之处，包括：

（1）本次实验 NaCl 浓度设置过大，导致探究腐蚀环境对金属材料腐蚀疲劳损伤的影响不明显。以后的研究可以设置更多对照组，降低腐蚀介质的浓度，以便探究腐蚀浓度对试件腐蚀疲劳损伤的影响。

（2）金属试件在腐蚀疲劳损伤过程中，均会发生不同程度的拉长、扭曲、弯曲等形变，在微观上也会发生裂纹的产生和扩展。本次实验设置对照组较少，很难做到对不同情况的具体分析。未来需进行更多次的实验，积累丰富的经验，才能更有效地对腐蚀疲劳损伤试件进行监测。

第 7 章
金属拉伸疲劳与腐蚀疲劳的声发射信号对比

金属材料性能的在线实时评价和检测一直以来是工业安全生产关心的问题。在第 5 章和第 6 章，研究了声发射技术对金属拉伸疲劳和腐蚀疲劳损伤的检测与评价，搭建了声发射在线监测实验平台，完成了声发射信号特征参数提取。

金属拉伸疲劳与腐蚀疲劳是不同疲劳载荷作用的结果，因此在线监测的声发射信号特征也不相同。本章在前两章研究的基础上，对金属拉伸疲劳与腐蚀疲劳声发射信号进行对比，进一步研究金属疲劳损伤对声发射信号的影响。

7.1 实 验 设 计

7.1.1 拉伸疲劳实验

采用第 5 章的拉伸实验平台，对不同的应力比、频率下，声发射实验参数进行对比，制定的实验方案如表 7.1 和表 7.2 所示。

表 7.1 不同应力比的试件声发射实验参数

试件	应力比	频率
1 号	0.25（中心线 10 kN，振幅 6 kN）	20 Hz
2 号	0.54（中心线 10 kN，振幅 3 kN）	20 Hz

表 7.2 不同频率的试件声发射实验参数

试件	应力比	频率
1 号	0.25（中心线 10 kN，振幅 6 kN）	20 Hz
3 号	0.25（中心线 10 kN，振幅 6 kN）	15 Hz

表 7.1 是在不同应力比下的金属拉伸疲劳实验分组。其中，1 号试件是在应

力比为 0.25，中心线为 10 kN，振幅为 6 kN，频率为 20 Hz 的条件下进行拉伸疲劳实验；2 号试件是在应力比为 0.54，中心线为 10 kN，振幅为 3 kN，频率为 20 Hz 的条件下进行拉伸疲劳实验。表 7.2 是在不同频率下的金属拉伸疲劳实验分组。其中，1 号试件沿用表 3.5 中 1 号试件的数据，3 号试件是在应力比为 0.25，中心线为 10 kN，振幅为 6 kN，频率为 15 Hz 的条件下进行拉伸疲劳实验。

7.1.2　腐蚀疲劳实验

采用第 5 章、第 6 章提及的实验平台及腐蚀疲劳实验方案，根据 NaCl 的溶解度，配制浓度为 10%，15%，20%，25% 的腐蚀溶液进行实验。

表 7.3 是在不同腐蚀溶液浓度下的金属拉伸疲劳实验分组。其中，4 号试件是在浓度为 10% 的 NaCl 溶液腐蚀后，在应力比为 0.25，中心线为 10 kN，振幅为 6 kN，频率为 20 Hz 的条件下进行拉伸疲劳实验；5 号试件是在浓度为 15% 的 NaCl 溶液腐蚀后，在应力比为 0.25，中心线为 10 kN，振幅为 6 kN，频率为 20 Hz 的条件下进行拉伸疲劳实验；6 号试件是在浓度为 20% 的 NaCl 溶液腐蚀后，在应力比为 0.25，中心线为 10 kN，振幅为 6 kN，频率为 20 Hz 的条件下进行拉伸疲劳实验；7 号试件是在浓度为 25% 的 NaCl 溶液腐蚀后，在应力比为 0.25，中心线为 10 kN，振幅为 6 kN，频率为 20 Hz 的条件下进行拉伸疲劳实验。

表 7.3　不同腐蚀溶液浓度的试件声发射实验参数

试件	浓度	应力比	频率
4 号	10%	0.25（中心线 10 kN，振幅 6 kN）	20 Hz
5 号	15%	0.25（中心线 10 kN，振幅 6 kN）	20 Hz
6 号	20%	0.25（中心线 10 kN，振幅 6 kN）	20 Hz
7 号	25%	0.25（中心线 10 kN，振幅 6 kN）	20 Hz

7.2　数　据　处　理

7.2.1　声发射特征参数提取

利用声发射检测仪器提取声发射特征参数，提取的参数有：幅度、持续时间、上升时间、振铃计数、能量、有效值电压、平均信号电平。如图 7.1 所示，是 1 号试件 1 通道的声发射特征参数。

序号	通道号	幅度	持续时间/μs	上升时间/μs	振铃计数	上升计数	能量(mV·ms)	RMS/mV	ASL/dB
1	1	7.02	19 607.2	240.4	1 935	9	100.18	7.3	34.18
2	1	5.80	17 352.4	45.6	1 827	2	94.07	7.6	34.69
3	1	9.16	22 630.8	165.2	1 930	10	104.93	6.99	33.34
4	1	6.41	2 287.6	44.8	13	2	2.86	1.63	22.12
5	1	6.10	2 806.0	311.6	11	2	3.29	1.51	21.57
6	1	5.49	2 001.6	0	3	0	1.76	1.15	19.25
7	1	5.19	1 831.2	0	2	0	2.28	1.57	22.05
8	1	7.02	8 494.4	0.4	32	1	10.47	1.64	22.00
9	1	5.80	344.0	261.6	2	2	0.39	1.47	21.29
10	1	7.63	4 276.8	87.6	14	3	5.69	1.69	22.63
11	1	7.63	6 426.0	213.2	34	5	8.97	1.78	23.03
12	1	5.49	3 789.6	492	12	1	4.92	1.67	22.41
13	1	6.71	6 376.0	351.2	46	4	9.57	1.91	23.64
14	1	6.41	4 897.6	0.4	10	1	6.14	1.59	22.11
15	1	6.41	3 970.8	247.2	37	2	5.86	2.05	23.51
16	1	5.49	3 279.6	0	2	0	3.66	1.41	21.15
17	1	7.32	1 658.4	376.8	20	10	2.95	2.22	25.07
18	1	6.10	795.2	190.8	9	5	1.32	2.07	24.53
19	1	6.10	795.2	190.8	9	5	1.32	2.07	24.53
20	1	6.10	795.2	190.8	9	5	1.32	2.07	24.53

图 7.1　1 号试件 1 通道的声发射特征参数

7.2.2　信号消噪

如图 7.2 所示,是金属拉伸疲劳实验过程中,采集到的其中一个声发射信号。

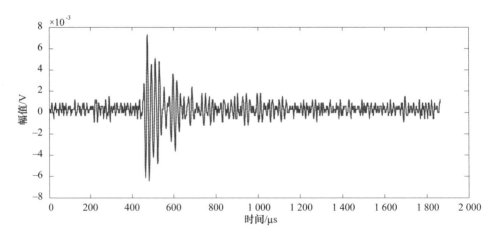

图 7.2　原始信号

由图 7.2 可见,波形受到严重的噪声干扰,难以得出较为准确的数据,所以需要采用一些消噪手段,将噪声消除,采用小波函数 sym5,4 层分解的方式进行消噪,MATLAB 处理后图像如图 7.3 所示。

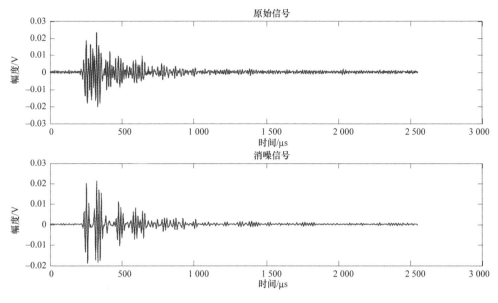

图 7.3 原始信号和消噪信号

7.2.3 频谱分析

将时域信号变换至频域信号加以分析的方法称为频谱分析。频谱分析的目的是把复杂的时间历程波形，经过傅里叶变换分解为若干单一的谐波分量来研究，以获得信号的频率结构以及各谐波和相位信息，经 MATLAB 处理后的结果如图 7.4 所示。

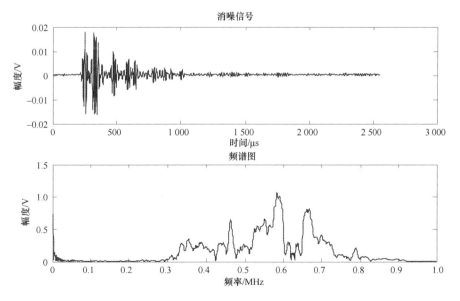

图 7.4 消噪信号和其频谱图

7.3　结　果　分　析

7.3.1　不同条件下的幅度对比

1. 不同频率下的幅度对比

图 7.5 给出 1 号试件在频率为 20 Hz、应力比为 0.25、中心线为 10 kN、振幅为 6 kN 的条件下，声发射信号幅度随时间在 1.4 h 内的变化规律，幅度集中在 5～8 mV，随着拉伸时间的增长，幅度呈衰减状态，衰减速度大致为 0.8 mV/h。图 7.6 是 2 号试件在频率为 15 Hz、应力比为 0.25、中心线为 10 kN、振幅为 6 kN 的条件下，声发射信号幅度随时间在 5.6 h 内的变化规律，幅度集中在 2～3 mV，随着拉伸时间的增长，幅度缓慢衰减，衰减速度大致为 0.2 mV/h。由此可以得出，拉伸频率与幅度呈正相关，拉伸频率变高，声发射信号幅度变大，幅度衰减速度变快。

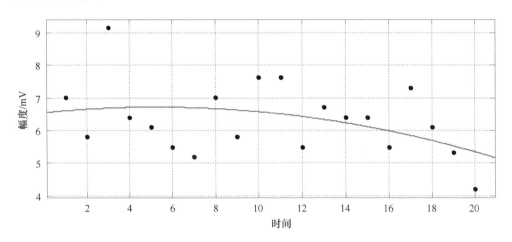

图 7.5　1 号试件幅度随时间变化的曲线

2. 不同应力比下的幅度对比

图 7.7 给出 3 号试件在频率为 20 Hz、应力比为 0.54、中心线为 10 kN，振幅为 3 kN 的条件下，声发射信号幅度随时间在 1.4 h 内的变化规律，幅度集中在 2～3 mV，随着拉伸时间的增长，幅度呈衰减状态，衰减速度大致为 0.8 mV/h。对比图 7.5 的 1 号试件的幅度随时间变化的曲线，本次实验中，应力比的变化对幅度的影响小，无法得出应力比与幅度的相关性。

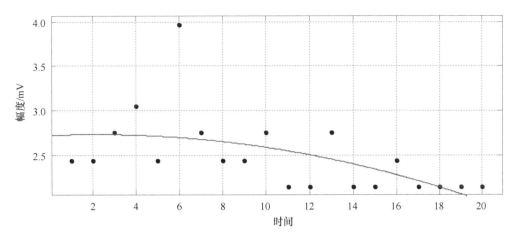

图 7.6　2 号试件幅度随时间变化的曲线

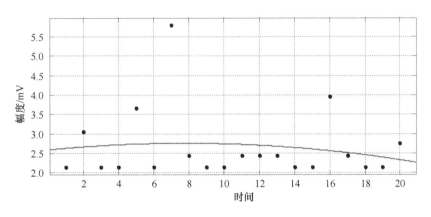

图 7.7　3 号试件幅度随时间变化的曲线

3. 不同腐蚀浓度下的幅度对比

图 7.8 给出了 7 号试件在频率为 20 Hz、应力比为 0.25、中心线为 10 kN、振幅为 6 kN，经过浓度为 25％的 NaCl 溶液腐蚀 30 天后，声发射信号幅度随时间在 8.4 h 内的变化规律，幅度集中在 6～16 mV，随着拉伸时间的增长，幅度呈衰减状态，衰减速度大致为 1.2 mV/h。图 7.9 给出了 6 号试件在频率为 20 Hz，应力比为 0.25、中心线为 10 kN、振幅为 6 kN，经过浓度为 20％的 NaCl 溶液腐蚀 30 天后，声发射信号幅度随时间在 8.4 h 内的变化规律，幅度集中在 4～8 mV，随着拉伸时间的增长，幅值呈衰减状态，衰减速度大致为 0.5 mV/h。图 7.10 给出 5 号试件在频率为 20 Hz、应力比为 0.25、中心线为 10 kN、振幅为 6 kN，经过浓度为 15％的 NaCl 溶液腐蚀 30 天后，声发射信号幅度随时间在 1.4 h 内的变化规律，幅度集中在 5～7 mV，随着拉伸时间的增长，幅值呈衰减状态，衰减速度大致为 1.4 mV/h。图 7.11 给出了 4 号试件在频率为 20 Hz、应力比为 0.25、中心线为 10 kN、振幅为 6 kN，经过浓度为 10％的 NaCl 溶液腐蚀

30 天后，声发射信号振幅随时间在 9.8 h 内的变化规律，幅度集中在 6～9 mV，随着拉伸时间的增长，幅值呈衰减状态，衰减速度大致为 0.3 mV/h。结合图 7.5 的 1 号试件幅度对比，本次实验不同腐蚀程度的试件之间，起始幅度随腐蚀溶液浓度的增加而加大，在拉伸过程中，6 号试件和 7 号试件，在拉伸 60 万次后试件均未弯曲，数据具有对比意义，且 7 号试件幅度的衰减速率高于 6 号试件，从而可以得出如下结论：腐蚀溶液浓度与幅度变化呈正相关，腐蚀溶液浓度变大，幅度变大，幅度衰减速率变快。

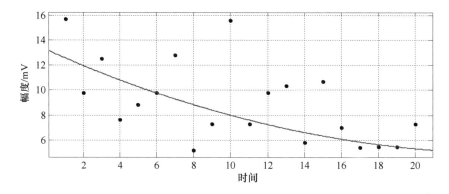

图 7.8　7 号试件幅度随时间变化的曲线

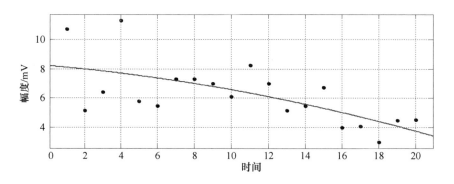

图 7.9　6 号试件幅度随时间变化的曲线

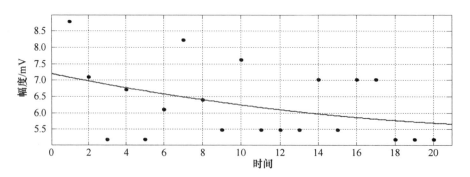

图 7.10　5 号试件幅度随时间变化的曲线

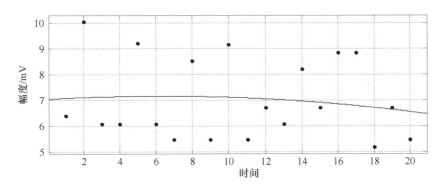

图 7.11　4 号试件幅度随时间变化的曲线

4. 小结

声发射信号的幅度与事件大小有间接的关系，间接决定事件的可测性，常用于波源的类型鉴别、强度及衰减的测量。理论上，声发射信号幅度与频率呈正相关，即频率变大，声发射信号幅度变大，幅度的衰减速率变快；与应力比呈负相关，即应力比变大，声发射信号幅度变小，幅度衰减速率变慢；与腐蚀溶液的浓度呈正相关，即腐蚀试件的溶液浓度变大，声发射信号幅度变大，幅度的衰减速率变快。但在实验中，受试件本身状态的影响，从而结果与理论有偏差。

7.3.2　不同条件下的持续时间对比

1. 不同频率下的持续时间对比

图 7.12 给出了 1 号试件在频率为 20 Hz、应力比为 0.25、中心线为 10 kN、振幅为 6 kN 的条件下，声发射信号持续时间随时间在 1.4 h 内的变化规律，持续时间集中在 6 000～12 000 μs，随着拉伸时间的增长，持续时间呈衰减状态，衰减速度大致为 4 286 μs/h。图 7.13 是 2 号试件在频率为 15 Hz、应力比为 0.25、中心线为 10 kN、振幅为 6 kN 的条件下，声发射信号持续时间随时间在 5.6 h 内的变化规律，持续时间集中在 6 000～16 000 μs，随着拉伸时间的增长，持续时间缓慢衰减，衰减速度大致为 1 852 μs/h。由此可以得出，拉伸频率与持续时间呈正相关，拉伸频率变高，声发射信号持续时间变长，持续时间衰减速度变快。

2. 不同应力比下的持续时间对比

图 7.14 给出 3 号试件在频率为 20 Hz、应力比为 0.54、中心线为 10 kN、振幅为 3 kN 的条件下，声发射信号持续时间随时间在 1.4 h 内的变化规律，持续时间集中在 3 000～8 000 μs，随着拉伸时间的增长，持续时间呈衰减状态，衰减速度大致为 3 571 μs/h。对比图 7.12 的 1 号试件的持续时间变化可以得出，拉伸应力比与持续时间呈负相关，拉伸应力比变小，声发射信号持续时间变长，持续时间衰减速度变快。

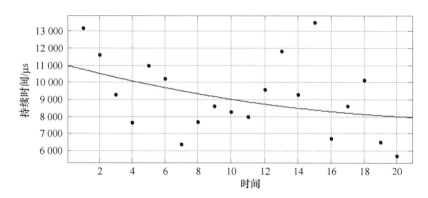

图 7.12　1 号试件信号持续时间随时间变化的曲线

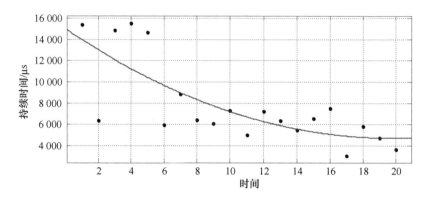

图 7.13　2 号试件信号持续时间随时间变化的曲线

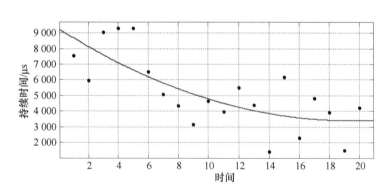

图 7.14　3 号试件信号持续时间随时间变化的曲线

3. 不同腐蚀浓度下的持续时间对比

图 7.15 给出了 7 号试件在频率为 20 Hz、应力比为 0.25、中心线为 10 kN、振幅为 6 kN，经过浓度为 25％的 NaCl 溶液腐蚀 30 天后，声发射信号持续时间随时间在 8.4 h 内的变化规律，持续时间集中在 1 000～26 000 μs，随着拉伸时间的增长，持续时间呈衰减状态，衰减速度大致为 3 095 μs/h。图 7.16 给出 6 号试

件在频率为 20 Hz、应力比为 0.25、中心线为 10 kN、振幅为 6 kN，经过浓度为 20％的 NaCl 溶液腐蚀 30 天后，声发射信号持续时间随时间在 8.4 h 内的变化规律，持续时间集中在 1 000～20 000 μs，随着拉伸时间的增长，持续时间呈衰减状态，衰减速度大致为 2 380 μs/h。图 7.17 给出 5 号试件在频率为 20 Hz、应力比为 0.25、中心线为 10 kN、振幅为 6 kN，经过浓度为 15％的 NaCl 溶液腐蚀 30 天后，声发射信号持续时间随时间在 1.4 h 内的变化规律，持续时间集中在 4 000～18 000 μs，随着拉伸时间的增长，持续时间呈衰减状态，衰减速度大致为 10 000 μs/h。图 7.18 给出 4 号试件在频率为 20 Hz、应力比为 0.25、中心线为 10 kN、振幅为 6 kN，经过浓度为 10％的 NaCl 溶液腐蚀 30 天后，声发射信号持续时间随时间在 9.8 h 内的变化规律，持续时间集中在 6 000～20 000 μs，随着拉伸时间的增长，持续时间呈衰减状态，衰减速度大致为 1 429 μs/h。结合图 7.12 的 1 号试件持续时间对比，本次实验不同腐蚀程度的试件之间，起始持续时间随腐蚀溶液浓度的增加而加大，在拉伸过程中，6 号试件和 7 号试件，在拉伸 60 万次后试件均未弯曲，数据具有对比意义，7 号试件持续时间的衰减速率高于 6 号试件，从而可以得出如下结论：腐蚀溶液浓度与持续时间变化呈正相关，腐蚀溶液浓度变大，持续时间变长，持续时间衰减速率变快。

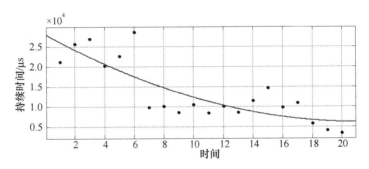

图 7.15　7 号试件信号持续时间随时间变化的曲线

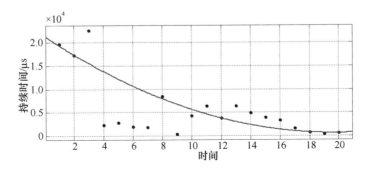

图 7.16　6 号试件信号持续时间随时间变化的曲线

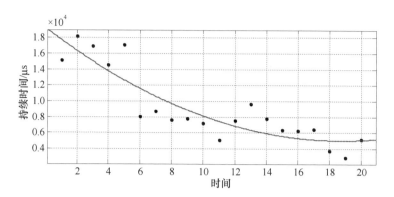

图 7.17　5 号试件信号持续时间随时间变化的曲线

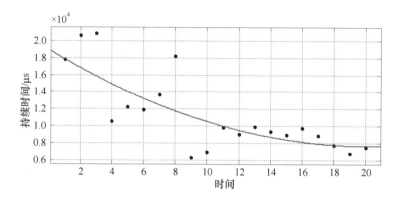

图 7.18　4 号试件信号持续时间随时间变化的曲线

4. 小结

持续时间能粗略地反映信号强度和频度，普遍用于声发射活动性评价。理论上，声发射信号持续时间，与频率呈正相关，即频率变大，声发射信号持续时间变长，持续时间的衰减速率变快；与应力比呈负相关，即应力比变大，声发射信号持续时间变短，持续时间衰减速率变慢；与腐蚀溶液的浓度呈正相关，即腐蚀试件的溶液浓度变大，声发射信号持续时间变长，持续时间的衰减速率变快。但在实验中，受试件本身状态的影响，从而结果与理论有偏差。

7.3.3　不同条件下的上升时间对比

1. 不同频率下的上升时间对比

图 7.19 所示为 1 号试件信号上升时间随时间变化的曲线，数据具有随机性，无明显规律。图 7.20 所示为 2 号试件信号上升时间随时间变化的曲线，数据波动明显，无明显规律。由此可以得出：声发射信号的上升时间与频率无相关性。

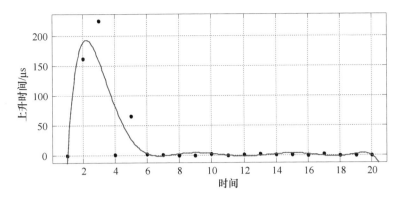

图 7.19　1 号试件信号上升时间随时间变化的曲线

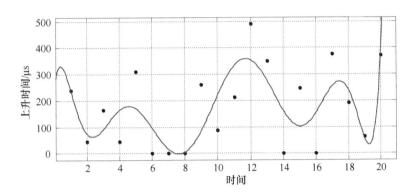

图 7.20　2 号试件信号上升时间随时间变化的曲线

2. 不同应力比下的上升时间对比

图 7.21 所示为 3 号试件信号上升时间随时间变化的曲线，数据波动明显，无明显规律。结合图 7.19 的 1 号试件信号上升时间随时间的变化可得结论：声发射信号的上升时间与应力比无相关性。

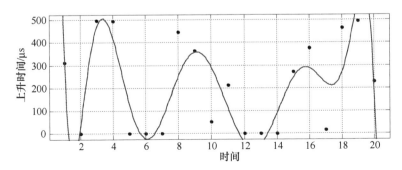

图 7.21　3 号试件信号上升时间随时间变化的曲线

3. 不同腐蚀浓度下的上升时间对比

图 7.22 所示为 7 号试件信号上升时间随时间变化的曲线，数据具有随机性，无规律。图 7.23 所示为 6 号试件信号上升时间随时间变化的曲线，数据无规律。图 7.24 所示为 5 号试件信号上升时间随时间变化的曲线，数据具有随机性，无明显规律。图 7.25 所示为 4 号试件信号上升时间随时间变化的曲线，数据无明显规律。

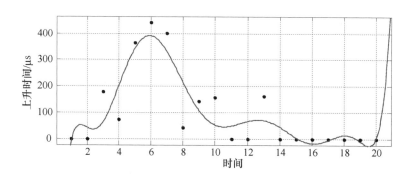

图 7.22　7 号试件信号上升时间随时间变化的曲线

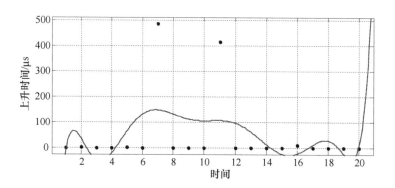

图 7.23　6 号试件信号上升时间随时间变化的曲线

4. 小结

声发射信号在介质传播的过程中，信号的上升时间具有随机性质，其物理意义不明确，与外加疲劳载荷的频率、应力比以及腐蚀介质溶液的浓度无关。

7.3.4　不同条件下振铃计数的对比

1. 不同频率下的振铃计数对比

图 7.26 给出了 1 号试件在频率为 20 Hz、应力比为 0.25、中心线为 10 kN、振幅为 6 kN 的条件下，声发射信号振铃计数随时间在 1.4 h 内的变化规律，振铃计数集中在 20～160 个，随着拉伸时间的增长，振铃计数呈衰减状态，衰减速度

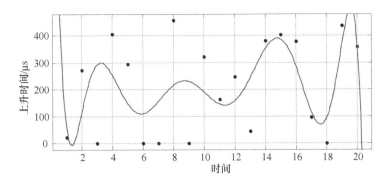

图 7.24　5 号试件信号上升时间随时间变化的曲线

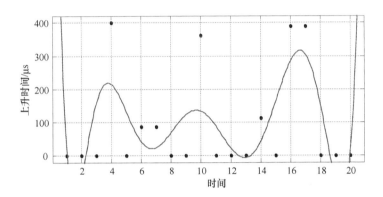

图 7.25　4 号试件信号上升时间随时间变化的曲线

大致为 100 个/h。图 7.27 所示为 2 号试件在频率为 15 Hz、应力比为 0.25、中心线为 10 kN、振幅为 6 kN 的条件下，声发射信号振铃计数随时间在 5.6 h 内的变化规律，振铃计数集中在 50～150 个，随着拉伸时间的增长，振铃计数缓慢衰减，衰减速度大致为 18 个/h。由此可以得出，拉伸频率与振铃计数呈正相关，拉伸频率变高，声发射信号振铃计数变多，振铃计数衰减速度变快。

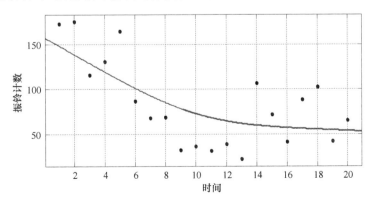

图 7.26　1 号试件振铃计数随时间变化的曲线

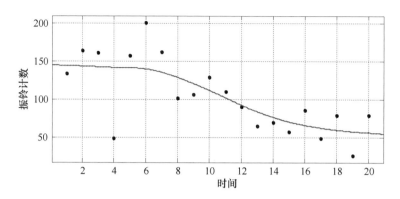

图 7.27 2 号试件振铃计数随时间变化的曲线

2. 不同应力比下的振铃计数对比

图 7.28 给出了 3 号试件在频率为 20 Hz、应力比为 0.54、中心线为 10 kN、振幅 3 kN 的条件下，声发射信号振铃计数随时间在 1.4 h 内的变化规律，振铃计数集中在 0～30 个，随着拉伸时间的增长，振铃计数呈衰减状态，衰减速度大致为 21 个/h。对比图 7.26 的 1 号试件的振铃计数变化，由此可以得出，应力比与振铃计数呈负相关，应力比变小，声发射信号振铃计数变多，振铃计数衰减速度变快。

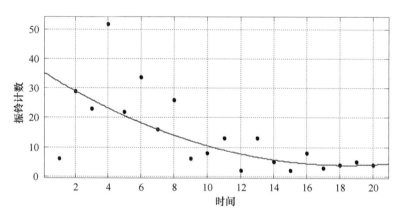

图 7.28 3 号试件振铃计数随时间变化的曲线

3. 不同腐蚀浓度下的振铃计数对比

图 7.29 给出了 7 号试件在频率为 20 Hz、应力比为 0.25、中心线为 10 kN、振幅 6 kN 的条件下，经过浓度为 25% 的 NaCl 溶液腐蚀 30 天后，声发射信号振铃计数随时间在 8.4 h 内的变化规律，振铃计数集中在 0～2 000 个，随着拉伸时间的增长，振铃计数呈衰减状态，衰减速度大致为 238 个/h。图 7.30 给出了 6 号试件在频率为 20 Hz、应力比为 0.25、中心线为 10 kN、振幅为 6 kN 的条件下，经过浓度为 20% 的 NaCl 溶液腐蚀 30 天后，声发射信号振铃计数随时间在

8.4 h 内的变化规律，振铃计数集中在 0～1 500 个，随着拉伸时间的增长，振铃计数呈衰减状态，衰减速度大致为 179 个/h。图 7.31 给出了 5 号试件在频率为 20 Hz、应力比为 0.25、中心线为 10 kN、振幅为 6 kN 的条件下，经过浓度为 15% 的 NaCl 溶液腐蚀 30 天后，声发射信号振铃计数随时间在 1.4 h 内的变化规律，振铃计数集中在 0～900 个，随着拉伸时间的增长，振铃计数呈衰减状态，衰减速度大致为 643 个/h。图 7.32 给出了 4 号试件在频率为 20 Hz、应力比为 0.25、中心线为 10 kN、振幅为 6 kN，经过浓度为 10% 的 NaCl 溶液腐蚀 30 天后，声发射信号振铃计数随时间在 9.8 h 内的变化规律，振铃计数集中在 0～700 个，随着拉伸时间的增长，振铃计数呈衰减状态，衰减速度大致为 71 个/h。结合图 7.26 的 1 号试件振铃计数对比可知，本次实验不同腐蚀程度的试件之间，起始振铃计数随腐蚀溶液浓度的增加而加大。在拉伸过程中，6 号试件和 7 号试件，在拉伸 60 万次后试件均未弯曲，数据具有对比意义，7 号试件振铃计数的衰减速率高于 6 号试件，从而可以得出如下结论：腐蚀溶液浓度与振铃计数变化呈正相关，腐蚀溶液浓度变大，振铃计数变多，振铃计数衰减速率变快。

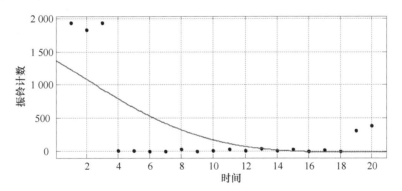

图 7.29　7 号试件振铃计数随时间变化的曲线

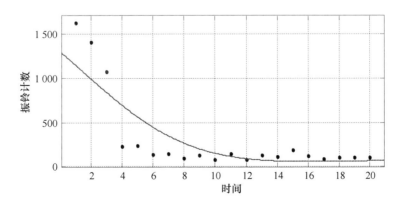

图 7.30　6 号试件振铃计数随时间变化的曲线

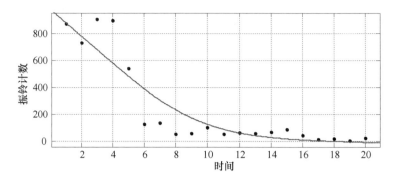

图 7.31　5 号试件振铃计数随时间变化的曲线

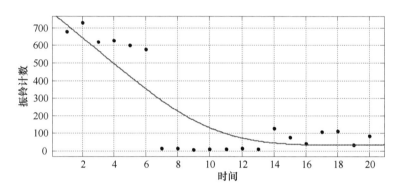

图 7.32　4 号试件振铃计数随时间变化的曲线

4. 小结

振铃计数能粗略地反映信号强度和频度，普遍用于声发射活动性评价。理论上，声发射信号振铃计数与频率呈正相关，即频率变大，声发射信号振铃计数变长，振铃计数的衰减速率变快；与应力比呈负相关，即应力比变大，声发射信号振铃计数变短，振铃计数衰减速率变慢；与腐蚀溶液的浓度呈正相关，即腐蚀试件的溶液浓度变大，声发射信号振铃计数变大，振铃计数的衰减速率变快。

7.3.5　不同条件下的能量对比

1. 不同频率下的能量对比

图 7.33 给出了 1 号试件在频率为 20 Hz、应力比为 0.25、中心线为 10 kN、振幅为 6 kN 的条件下，声发射信号能量随时间在 1.4 h 内的变化规律，能量集中在 4~18 mV·ms，随着拉伸时间的增长，能量呈衰减状态，衰减速度大致为 10 mV·ms/h。图 7.34 是 2 号试件在频率为 15 Hz、应力比为 0.25、中心线为 10 kN、振幅为 6 kN 的条件下，声发射信号能量随时间在 5.6 h 内的变化规律，能量集中在 3~11 mV·ms，随着拉伸时间的增长，能量缓慢衰减，衰减速度大

致为 1 mV·ms/h。由此可以得出，拉伸频率与能量呈正相关，拉伸频率变高，声发射信号能量变大，能量衰减速度变快。

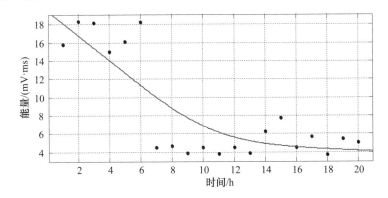

图 7.33 1 号试件能量随时间变化的曲线

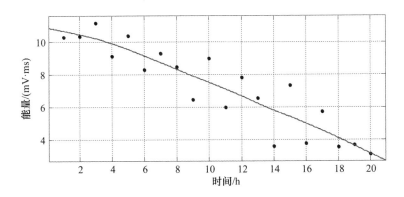

图 7.34 2 号试件能量随时间变化的曲线

2. 不同应力比下的能量对比

图 7.35 给出了 3 号试件在频率为 20 Hz、应力比为 0.54、中心线为 10 kN、振幅为 3 kN 的条件下，声发射信号能量随时间在 1.4 h 内的变化规律，能量集中在1～3 mV·ms，随着拉伸时间的增长，能量呈衰减状态，衰减速度大致为 1 mV·ms/h。对比图 7.33 的 1 号试件的能量变化，可以得出，拉伸应力比与能量呈负相关，拉伸应力比变小，声发射信号能量变大，能量衰减速度变快。

3. 不同腐蚀浓度下的能量对比

图 7.36 给出 7 号试件在频率为 20 Hz、应力比为 0.25、中心线为 10 kN、振幅为 6 kN 的条件下，经过浓度为 25% 的 NaCl 溶液腐蚀 30 天后，声发射信号能量随时间在 8.4 h 内的变化规律，能量集中在 50～150mV·ms，随着拉伸时间的增长，能量呈衰减状态，衰减速度大致为 12 mV·ms/h。图 7.37 给出 6 号试件在频率为 20 Hz、应力比为 0.25、中心线为 10 kN、振幅为 6 kN 的条件下，经过浓度为 20% 的 NaCl 溶液腐蚀 30 天后，声发射信号能量随时间在 8.4 h 内的变

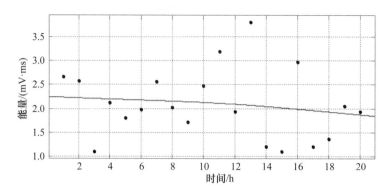

图 7.35　3 号试件能量随时间变化的曲线

化规律，能量集中在 0～80 mV·ms，随着拉伸时间的增长，能量呈衰减状态，衰减速度大致为 9 mV·ms/h。图 7.38 给出 5 号试件在频率为 20 Hz、应力比为 0.25、中心线为 10 kN、振幅为 6 kN 的条件下，经过浓度为 15% 的 NaCl 溶液腐蚀 30 天后，声发射信号能量随时间在 1.4 h 内的变化规律，能量集中在 10～70 mV·ms，随着拉伸时间的增长，能量呈衰减状态，衰减速度大致为 43 mV·ms/h。图 7.39 给出 4 号试件在频率为 20 Hz、应力比为 0.25、中心线为 10 kN、振幅为 6 kN，经过浓度为 10% 的 NaCl 溶液腐蚀 30 天后，声发射信号能量随时间在 9.8 h 内的变化规律，能量集中在 10～60 mV·ms，随着拉伸时间的增长，能量呈衰减状态，衰减速度大致为 6 mV·ms/h。结合图 7.33 的 1 号试件对比，本次实验不同腐蚀程度的试件之间，起始能量随腐蚀溶液浓度的增加而加大。在拉伸过程中，6 号试件和 7 号试件，在拉伸 60 万次后试件均未弯曲，数据具有对比意义，7 号试件能量的衰减速率高于 6 号试件，由此可以得出：腐蚀溶液浓度与能量变化呈正相关，腐蚀溶液浓度变大，能量变大，能量衰减速率变快。

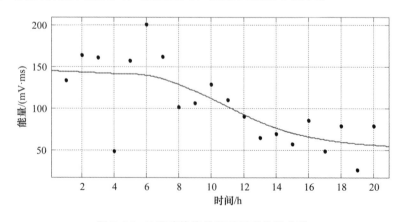

图 7.36　7 号试件能量随时间变化的曲线

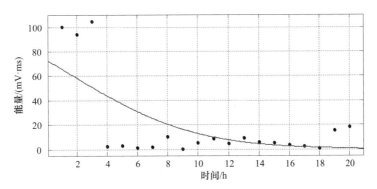

图 7.37　6 号试件能量随时间变化的曲线

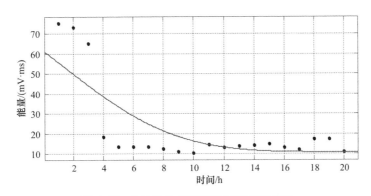

图 7.38　5 号试件能量随时间变化的曲线

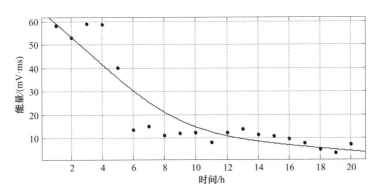

图 7.39　4 号试件能量随时间变化的曲线

4. 小结

　　能量反映时间的强度，对门槛、进行频率和传播特性不甚敏感。理论上，声发射信号能量与频率呈正相关，即频率变大，声发射信号能量变大，能量的衰减速率变快；与应力比呈负相关，即应力比变小，声发射信号能量变大，能量衰减速率变快；与腐蚀溶液的浓度呈正相关，即腐蚀试件的溶液浓度变大，声发射信号能量变大，能量的衰减速率变快。

7.3.6 不同条件下的有效值电压对比

1. 不同频率下的有效值电压对比

图 7.40 给出了 1 号试件在频率为 20 Hz、应力比为 0.25、中心线为 10 kN、振幅为 6 kN 的条件下，声发射信号有效值电压随时间在 1.4 h 内的变化规律，有效值电压集中在 1.8～2.3 mV，随着拉伸时间的增长，有效值电压呈衰减状态，衰减速度大致为 0.4 mV/h。图 7.41 是 2 号试件在频率为 15 Hz、应力比为 0.25、中心线为 10 kN、振幅为 6 kN 的条件下，声发射信号有效值电压随时间在 5.6 h 内的变化规律，有效值电压集中在 0.6～0.9 mV，随着拉伸时间的增长，有效值电压缓慢衰减，衰减速度大致为 0.1 mV/h。由此可以得出：拉伸频率与有效值电压呈正相关，拉伸频率变高，声发射信号有效值电压变大，有效值电压衰减速度变快。

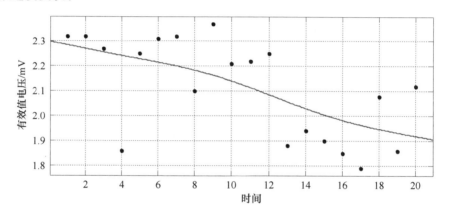

图 7.40 1 号试件有效值电压随时间变化的曲线

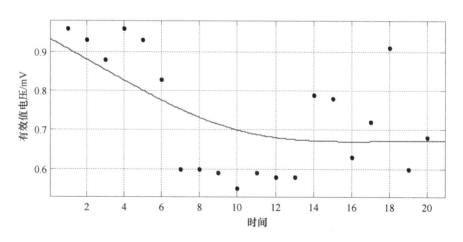

图 7.41 2 号试件有效值电压随时间变化的曲线

2. 不同应力比下的有效值电压对比

图 7.42 给出了 3 号试件在频率为 20 Hz、应力比为 0.54、中心线为 10 kN、振幅为 3 kN 的条件下，声发射信号有效值电压随时间在 1.4 h 内的变化规律，有效值电压集中在 0.55～0.75 mV，随着拉伸时间的增长，有效值电压呈衰减状态，衰减速度大致为 0.1 mV/h。对比图 7.40 的 1 号试件的有效值电压随时间的变化，可以得出，拉伸应力比与有效值电压呈负相关，拉伸应力比变小，声发射信号有效值电压变大，有效值电压衰减速度变快。

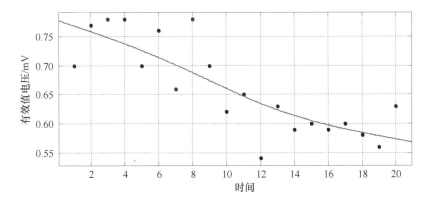

图 7.42　3 号试件有效值电压随时间变化的曲线

3. 不同腐蚀浓度下的有效值电压对比

图 7.43 给出了 7 号试件在频率为 20 Hz、应力比为 0.25、中心线为 10 kN、振幅为 6 kN 的条件下，经过浓度为 25% 的 NaCl 溶液腐蚀 30 天后，声发射信号有效值电压随时间在 8.4 h 内的变化规律，有效值电压集中在 2～6 mV，随着拉伸时间的增长，有效值电压呈衰减状态，衰减速度大致为 0.5 mV/h。图 7.44 给出了 6 号试件在频率为 20 Hz、应力比为 0.25、中心线为 10 kN、振幅为 6 kN 的条件下，经过浓度为 20% 的 NaCl 溶液腐蚀 30 天后，声发射信号有效值电压随时间在 8.4 h 内的变化规律，有效值电压集中在 2～5 mV，随着拉伸时间的增长，有效值电压呈衰减状态，衰减速度大致为 0.4 mV/h。图 7.45 给出了 5 号试件在频率为 20 Hz、应力比为 0.25、中心线为 10 kN、振幅为 6 kN 的条件下，经过浓度为 15% 的 NaCl 溶液腐蚀 30 天后，声发射信号有效值电压随时间在 1.4 h 内的变化规律，有效值电压集中在 2～5 mV，随着拉伸时间的增长，有效值电压呈衰减状态，衰减速度大致为 2 mV/h。图 7.46 给出了 4 号试件在频率为 20 Hz、应力比为 0.25、中心线为 10 kN、振幅为 6 kN 的条件下，经过浓度为 10% 的 NaCl 溶液腐蚀 30 天后，声发射信号有效值电压随时间在 9.8 h 内的变化规律，有效值电压集中在 2.5～3.0 mV，随着拉伸时间的增长，能量呈衰减状态，衰减速度大致为 0.1 mV/h。结合图 7.40 的 1 号试件有效值电压比，本次实验不同腐蚀程度的试件之间，起始有效值电压随腐蚀溶液浓度的增加而加大。在拉伸过程中，6 号试件和

7 号试件，在拉伸 60 万次后试件均未弯曲，数据具有对比意义，7 号试件有效值电压的衰减速率高于 6 号试件，由此可以得出：腐蚀溶液浓度与有效值电压变化呈正相关，腐蚀溶液浓度变大，有效值电压变大，有效值电压衰减速率变快。

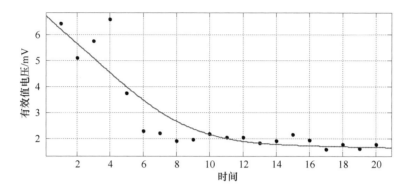

图 7.43 7 号试件有效值电压随时间变化的曲线

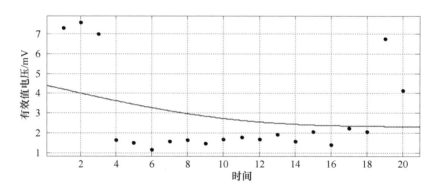

图 7.44 6 号试件有效值电压随时间变化的曲线

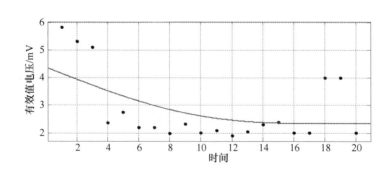

图 7.45 5 号试件有效值电压随时间变化的曲线

4. 小结

有效值电压与声发射的大小有关，不受门槛的影响。理论上，声发射信号有效值电压与频率呈正相关，即频率变大，声发射信号有效值电压变大，有效值电

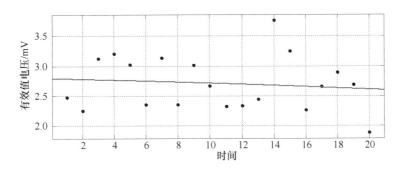

图 7.46 4 号试件有效值电压随时间变化的曲线

压的衰减速率变快；与应力比呈负相关，即应力比变小，声发射信号有效值电压
变大，有效值电压衰减速率变快；与腐蚀溶液的浓度呈正相关，即腐蚀试件的溶
液浓度变大，声发射信号有效值电压变大，有效值电压的衰减速率变快。

7.3.7 不同条件下的平均信号电平对比

1. 不同频率下的平均信号电平对比

图 7.47 给出了 1 号试件在频率为 20 Hz、应力比为 0.25、中心线为 10 kN、
振幅为 6 kN 的条件下，声发射信号平均信号电平随时间在 1.4 h 内的变化规律，
平均信号电平集中在 25～28 dB，随着拉伸时间的增长，平均信号电平呈衰减状
态，衰减速度大致为 2 dB/h。图 7.48 是 2 号试件在频率为 15 Hz、应力比为
0.25、中心线为 10 kN、振幅为 6 kN 的条件下，声发射信号平均信号电平随时间
在 5.6 h 内的变化规律，平均信号电平集中在 14.0～16.0 dB，随着拉伸时间的增
长，平均信号电平缓慢衰减，衰减速度大致为 0.4 dB/h。由此可以得出，拉伸频
率与平均信号电平呈正相关，拉伸频率变高，声发射信号平均信号电平变大，平
均信号电平衰减速度变快。

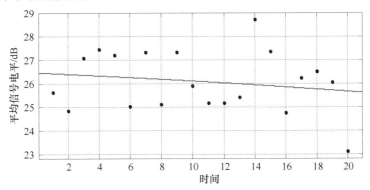

图 7.47 1 号试件平均信号电平随时间变化的曲线

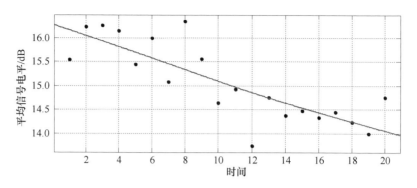

图 7.48 2 号试件平均信号电平随时间变化的曲线

2. 不同应力比下的平均信号电平对比

图 7.49 给出了 3 号试件在频率为 20 Hz、应力比为 0.54、中心线为 10 kN、振幅为 3 kN 的条件下，声发射信号平均信号电平随时间在 1.4 h 内的变化规律，平均信号电平集中在 14.5～16.0 dB，随着拉伸时间的增长，平均信号电平呈衰减状态，衰减速度大致为 1 dB/h。对比图 7.47 的 1 号试件的平均信号电平变化，可以得出：应力比与平均信号电平呈负相关，应力比变小，声发射信号平均信号电平变大，平均信号电平衰减速度变快。

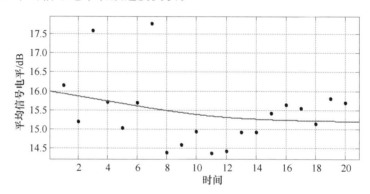

图 7.49 3 号试件的平均信号电平随时间变化的曲线

3. 不同腐蚀浓度下的平均信号电平对比

图 7.50 给出了 7 号试件在频率为 20 Hz、应力比为 0.25、中心线为 10 kN、振幅为 6 kN 的条件下，经过浓度为 25％的 NaCl 溶液腐蚀 30 天后，声发射信号平均信号电平随时间在 8.4 h 内的变化规律，平均信号电平集中在 22～32 dB，随着拉伸时间的增长，平均信号电平呈衰减状态，衰减速度大致为 1.2 dB/h。图 7.51 给出了 6 号试件在频率为 20 Hz、应力比为 0.25、中心线为 10 kN、振幅为 6 kN 的条件下，经过浓度为 20％的 NaCl 溶液腐蚀 30 天后，声发射信号平均信号电平随时间在 8.4 h 内的变化规律，平均信号电平集中在 22～30 dB，随着

拉伸时间的增长，平均信号电平呈衰减状态，衰减速度大致为 1 dB/h。图 7.52 给出了 5 号试件在频率为 20 Hz、应力比为 0.25、中心线为 10 kN、振幅为 6 kN 的条件下，经过浓度为 15% 的 NaCl 溶液腐蚀 30 天后，声发射信号平均信号电平随时间在 1.4 h 内的变化规律，平均信号电平集中在 24～30 dB，随着拉伸时间的增长，平均信号电平呈衰减状态，衰减速度大致为 4.3 dB/h。图 7.53 给出了 4 号试件在频率为 20 Hz、应力比为 0.25、中心线为 10 kN、振幅为 6 kN 的条件下，经过浓度为 10% 的 NaCl 溶液腐蚀 30 天后，声发射信号平均信号电平随时间在 9.8 h 内的变化规律，平均信号电平集中在 23.0～25.0 dB，随着拉伸时间的增长，平均信号电平呈衰减状态，衰减速度大致为 0.2 dB/h。结合图 7.47 的 1 号试件平均信号电平，本次实验不同腐蚀程度的试件之间，起始平均信号电平随腐蚀溶液浓度的增加而加大。在拉伸过程中，7 号试件和 6 号试件，在拉伸 60 万次后试件均未弯曲，数据具有对比意义，7 号试件平均信号电平的衰减速率高于 6 号试件，从而可以得出如下结论：腐蚀溶液浓度与平均信号电平变化呈正相关，腐蚀溶液浓度变大，平均信号电平变大，平均信号电平衰减速率变快。

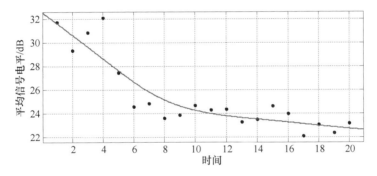

图 7.50　7 号试件的平均信号电平随时间变化的曲线

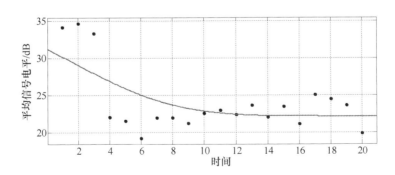

图 7.51　6 号试件的平均信号电平随时间变化的曲线

4. 小结

平均信号电平与声发射的大小有关，理论上，声发射信号平均信号电平与频率呈正相关，即频率变大，声发射信号平均信号电平变大，平均信号电平的衰减

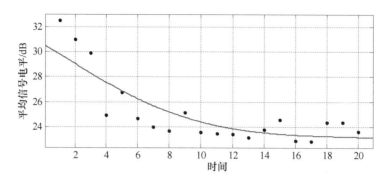

图 7.52　5 号试件的平均信号电平随时间变化的曲线

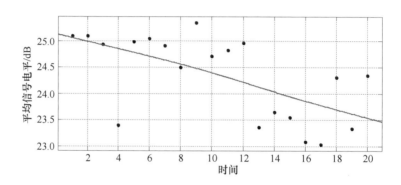

图 7.53　4 号试件的平均信号电平随时间变化的曲线

速率变快；与应力比呈负相关，即应力比变小，声发射信号平均信号电平变大，平均信号电平衰减速率变快；与腐蚀溶液的浓度呈正相关，即腐蚀试件的溶液浓度变大，声发射信号平均信号电平变大，平均信号电平的衰减速率变快。

7.3.8　不同条件下的频谱对比

1. 不同频率下的频谱对比

1 号试件频谱如图 7.54 所示，2 号试件频谱如图 7.55 所示。对比 1 号试件和 2 号试件的频谱，两者的基本形态是相似的，主频峰频率域在 0～0.1 MHz，随着拉伸时间的增加，主频峰峰值降低，2 号试件主频峰峰值全部高于 1 号试件。所以得出结论：2 号试件的频谱主频峰峰值与频率呈正相关，频率变高，主频峰峰值变高。

2. 不同应力比下的频谱对比

3 号试件的频谱如图 7.56 所示，有单一主频峰，峰值随时间有下降变化，但下降不明显。与图 7.54 的 1 号试件的频谱对比得：3 号试件的频谱主频峰峰值与应力比呈负相关，应力比变大，主频峰峰值变低。

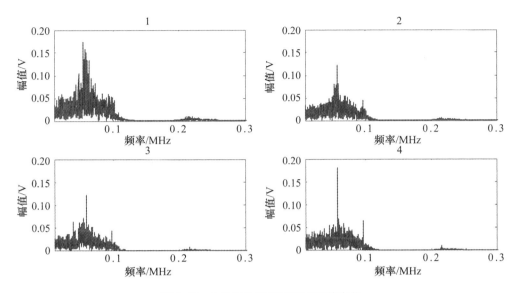

图 7.54　1 号试件的频谱随时间的变化

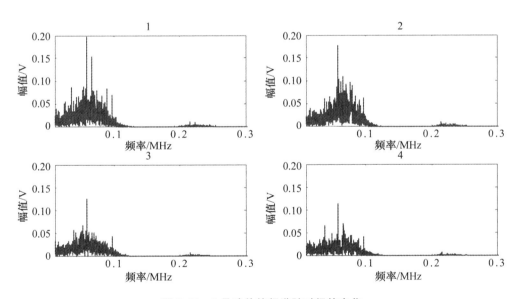

图 7.55　2 号试件的频谱随时间的变化

3. 不同腐蚀浓度下的频谱对比

7 号试件的频谱如图 7.57 所示，6 号试件的频谱如图 7.58 所示，5 号试件的频谱如图 7.59 所示，4 号试件的频谱如图 7.60 所示，结合图 7.54 的 1 号试件的频谱，可以得出结论：腐蚀溶液浓度与频谱主频峰峰值呈正相关，腐蚀溶液浓度变高，主频峰峰值变高。

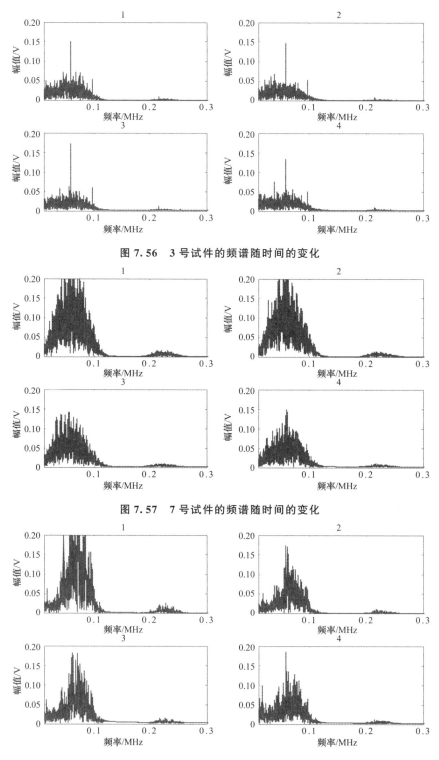

图 7.56　3 号试件的频谱随时间的变化

图 7.57　7 号试件的频谱随时间的变化

图 7.58　6 号试件的频谱随时间的变化

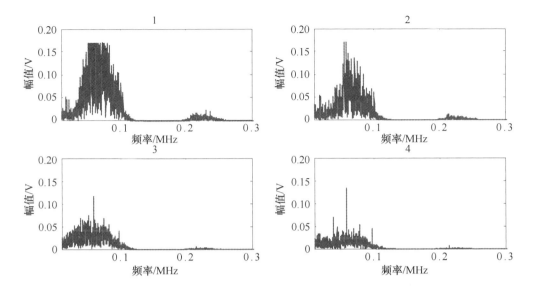

图 7.59　5 号试件的频谱随时间的变化

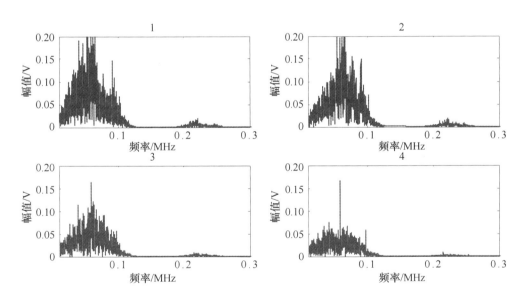

图 7.60　4 号试件的频谱随时间的变化

4. 小结

7 个试件的频谱图形具有相似性，都有单一且频率领域一致的主频峰，参数的改变对主频峰峰值有明显的影响。主频峰峰值与频率呈正相关，频率变大，峰值变大；与应力比呈负相关，应力比变小，峰值变大；与腐蚀溶液浓度呈正相关，腐蚀溶液浓度变大，峰值变大。

7.4 本章总结

声发射技术是一种新型的无损检测技术。本章通过运用声发射检测技术对金属材料的拉伸疲劳损伤和腐蚀疲劳损伤两种疲劳损伤进行研究，提取声发射特征参数：幅度、持续时间、上升计数、振铃计数、能量、有效值电压、平均信号电平、频谱，以此比较在不同频率、不同应力比、不同腐蚀溶液浓度下声发射特征参数的变化规律。

经研究得出结论：声发射特征参数对评价金属材料的拉伸疲劳损伤和腐蚀疲劳损伤状态均具有参考价值。其中，幅度、持续时间、振铃计数和能量的变化最为明显，能明显区分出金属试件疲劳损伤的变化情况，有效值电压、平均信号电平和频谱三者的变化幅度较小，能大致体现出同组实验下金属试件疲劳损伤随时间的变化，但不同实验组间的数据差别并不明显。上升时间具有随机性，变化规律不明显，不能用于研究金属材料疲劳损伤随时间的变化规律。

第 8 章
金属表面缺陷检测的激光超声检测技术研究

在航空航天等高新科技领域中，机械零部件受到表面张力的作用后会产生表面层裂现象最终导致表面缺陷的滋生，这会对工件安全运行造成致命性的损伤。但是因为工件所处环境复杂、缺陷分布位置隐蔽、表面缺陷尺寸较小，所以传统超声检测手段会受到限制。激光超声具有非接触、波型丰富、宽频带的优点，可以很好解决上述遇到的无损检测难题。

本章主要研究激光超声技术在表面损伤的检测中的应用，将完成有限元理论分析、针对表面损伤检测的激光超声检测技术平台搭建，以及最终采用时域和频域方法实现分析不同深度表面损伤的检测和估计。

8.1　激光超声检测平台搭建

本次实验采用扫描法对样品进行表面损伤检测与评价。首先，将 CFR 激光发射器及 QUARTET-1000Linear 激光超声接收仪按激光超声检测平台连接方法搭建好激光超声实验平台。本实验采用聚焦形式，为激光点源聚焦，在 CFR 激光发射器前使用一点聚焦透镜将激光源聚焦成点光源投射到样品表面；然后把样板固定在电控平移台上以实现激光点源沿样品表面的扫描；QUARTET-1000Linear 激光超声接收仪固定在远离缺陷的位置，使接收仪的点打在原理缺陷位置的探测点上，且激发点与探测点等高；分别使用激发点和接收点在样品的同侧和异侧进行扫描测量，通过激光点源沿样品表面扫描，得到一系列实验信号，从中可以提取缺陷的相关信息。

实验样品：

本章主要研究的是激光超声表面波用于表面缺陷检测与评价，因此需制备多种规格表面裂纹的标准样件，以做研究对比分析；同时，考虑到表面波的传播特性，试件的厚度应大于表面波波长的 5 倍以上。本实验采用试件总体尺寸为 100 mm×50 mm×8 mm，在距样件一侧边界 30 mm 处为裂纹位置，裂纹的宽度均为 200 μm，如图 8.1 所示。

具有不同深度表面缺陷的待测铝板样品，如图 8.2 所示，表面裂纹深度 T 如表 8.1 所示。

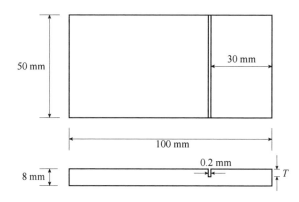

图 8.1　实验样品

图 8.2　实验样品实物图

表 8.1　表面裂纹深度

铝试件	T/mm	铝试件	T/mm
试件 1	0.08	试件 3	0.3
试件 2	0.1	试件 4	0.5

8.2　实　验　方　法

8.2.1　反射法

1. 实验原理

采用扫描法来对缺陷进行检测，完成扫描的扫查架行程为 250 mm×250 mm，分辨率为 6 μm，可以实现水平及垂直方向的扫描。通过 LU Scan 软件设置扫查距离、步长及扫查方向，观察波形变化、采集数据，然后对数据进行处理。

针对具有不同深度表面缺陷的铝试件，通过移动样品来进行扫描法检测，如图 8.3 所示，固定激发点与探测点间距离 d 为 15 mm，且探测点与缺陷一侧边沿距离 a 为 5 mm，移动工件使得激发点与探测点与缺陷的相对位置如图 8.3 中的位置Ⅰ、Ⅱ及Ⅲ，观察信号的变化。

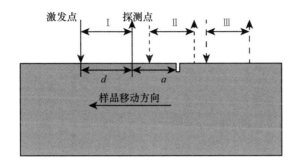

图 8.3 反射法实验原理

2. 实验步骤

根据图 8.4 所示的激光超声表面缺陷检测系统的构成原理及选择的系统装置，搭建激光超声表面缺陷检测实验系统，该系统由激励源系统、激光超声检测系统、数据采集系统和存在表面缺陷的标准样件四个基本部分组成，搭建的具体步骤如下：

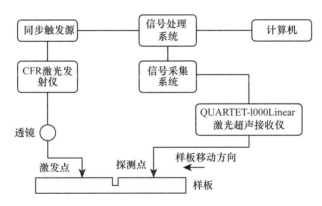

图 8.4 反射法实验平台搭建

（1）将 CFR 激光发射仪与 QUARTET-1000Linear 激光超声接收仪接好，接着把同步触发源接好，然后把电源开关打开，再把计算机、接收仪、发射仪开关依次打开。

（2）调节 CFR 激光发射仪的焦距，前后移动透镜，拿一张深色纸片贴住挡板，按一下同步触发源的 Star 键（注意同步将触发源的能量调到 10 mJ 左右），观察纸片上会出现一个白点，前后移动透镜，每移动一次就打一个点，然后对比点的大小，点最小时就说明焦距调好，也可以通过听打点的声音大小来判断，声音越大越接近焦距位置。

（3）调节 QUARTET-1000Linear 激光超声接收仪的焦距。调节接收仪的高度，使接收仪光点与发射仪光点等高，然后前后、左右移动接收仪探头，使仪器显示的数值在 100 左右，此时接收仪焦距就调好了。

3. 实验平台

按照上述实验步骤，搭建激光超声检测金属材料表面缺陷的实验平台，该平台主要包括两部分：硬件系统和软件系统，如图 8.5 所示。其中，激光激发超声采用 CFR200 激光器，属于 Nd∶YAG 固体激光器，激光波长为 1 064 nm，重复频率为 20 Hz，脉宽为 11 ns，激光通过焦距为 100 mm 线聚焦透镜在工件表面聚焦成一个线源。激光超声接收用 QUARTET-500 mV、激光波长为 532 nm、基于迈克尔逊干涉仪原理接收超声信号，如图 8.6 所示。光纤头上采用焦距为 300 mm 点聚焦透镜。该检测能实现非接触及远距离检测，检测灵敏高。

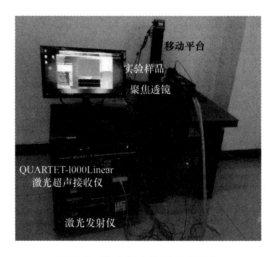

图 8.5　激光超声检测实验平台

8.2.2　透射法

1. 实验原理

如图 8.7 所示，透射法是通过固定激发点与探测点的位置，且使两点位置对

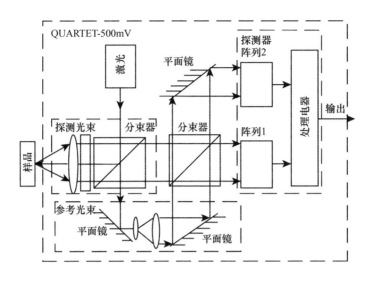

图 8.6　QUARTET-500 mV 激光超声接收单元

中并距离缺陷左边沿 8 mm，移动工件，观察信号的变化。扫查前需设置扫描参数：数据的时长为 20 μs，时间步长为 20 ns，扫查步长为 0.05 mm，扫查距离为 30 mm。

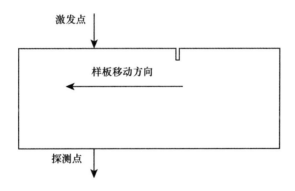

图 8.7　透射法实验原理

2. 实验步骤

按照上述实验步骤搭建激光超声检测平台。

3. 实验平台

透射法的实验平台原理如图 8.8（a）所示，基本与反射法的实验平台相同，主要不同的地方是 CFR 激光发射仪及 QUARTET-1000Linear 激光超声接收仪分别在铝板样品的两侧。搭建好的实物图如图 8.8（b）所示。

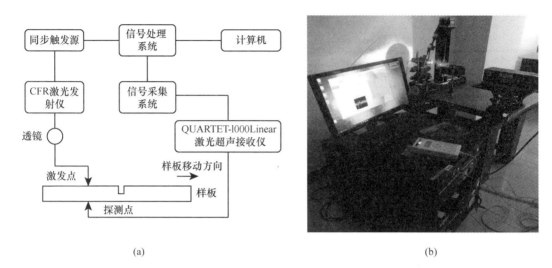

(a)   (b)

图 8.8   激光超声检测平台及框图

（a）实验框图；（b）实验平台

8.3   反射法实验结果分析

8.3.1   声波传播特性分析

1. 时域波形

采用反射法检测表面缺陷时，激光激发超声波在待测样品表面及内部传播过程如图 8.9 所示。

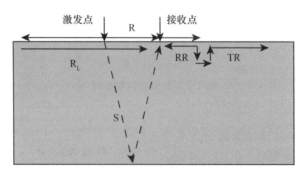

图 8.9   反射法波形传播

图 8.9 中，R 表示当激发点与接收点在缺陷的同侧时从激发点到探测点的直达表面波；RR 表示从缺陷处反射表面波；TR 表示当激发点与接收点在缺陷的两侧时声表面波透过缺陷传播至接收点的表面波；R_L 表示从样品边沿反射表面

波；S 表示经样品底面反射横波。

针对 $T=0.5\text{ mm}$ 样品采集的信号如图 8.10 所示，图 8.10（a）、8.10（b）、8.10（c）分别表示图 8.3 中的位置Ⅰ、Ⅱ及Ⅲ接收到的超声信号。

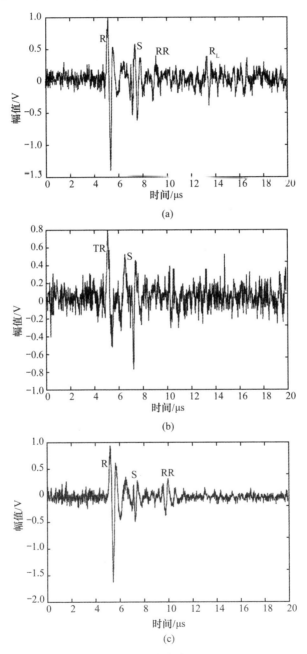

图 8.10　时域波形图

（a）激发点与探测点在位置Ⅰ处；（b）激发点与探测点在位置Ⅱ处；
（c）激发点与探测点在位置Ⅲ处

从图 8.10 可以看出，R 的幅值很平稳，RR、TR 及 R_L 的幅值明显低于 R 的幅值，因为表面波传播至缺陷处发生了反射及散射，所以信号幅值衰减。在 $t=7.26\,\mu s$ 处，根据到达时间点及激发点与探测点的相对位置判断为样品底面反射横波 S。

2. B-Scan 图分析

激发超声能量不变时，针对表面缺陷深度 $T=0.5\,mm$、$T=0.3\,mm$、$T=0.1\,mm$ 及 $T=0.08\,mm$ 的四块铝试件，扫查得到的 B-Scan 结果如图 8.11 所示。图中彩色深度值代表样品垂直方向幅值的大小，不同模式的超声波由于速度差异构成斜率不同的声线。

如图 8.11（a）所示：$t=5.46\,\mu s$ 对应的直线，根据激发点与探测点的相对位置可得该直线，由下到上依次表示缺陷左侧的反射信号 R，透射信号 TR 及缺陷右侧反射信号 R，其中反射信号 R 的幅度强度大于透射信号 TR；与该直线相交直线的斜率分别为 2 916 m/s 和 3 872 m/s，分别表示 RR 和表面波在缺陷处转换成的横波，用 RS 表示；$t=7.28\,\mu s$ 对应的直线表示 S，幅值无明显差别。

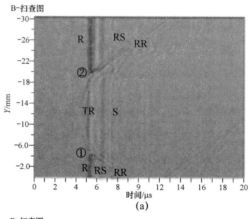

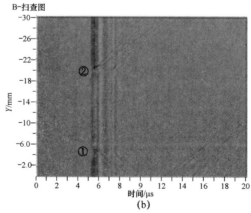

图 8.11 B-Scan 图

（a）$T=0.5\,mm$；（b）$T=0.3\,mm$

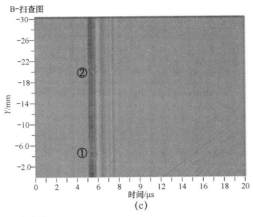

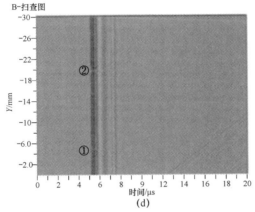

图 8.11 B-Scan 图（续）

（c）$T=0.1$ mm；（d）$T=0.08$ mm

由图 8.11 可以看出：（1）T 越大，各散射信号越容易被辨认，且 T 越大，对超声信号的散射越强；（2）扫查过程中，随着样品的移动，缺陷先掠过探测点，随后掠过激发点，分别如位置①和位置②，判断缺陷位于距首个接收点约 5 mm 处；（3）当缺陷深度不同时，TR 与 R 的幅值平均值之比不同。R 的幅值随 T 变化不大，TR 以及 TR/R 随 T 的增大而逐渐减小，如表 8.2 所示。由此可见，缺陷会对表面波造成衰减，且表面缺陷深度越大，衰减越大。

表 8.2 幅值对比

样品	TR 幅值/V	R 幅值/V	TR/R 幅值比/%
$T=0.5$ mm	0.473 9	1.592 1	29.77
$T=0.3$ mm	0.718 1	1.557 4	46.11
$T=0.1$ mm	1.538 6	1.625 3	94.66
$T=0.08$ mm	1.735 6	1.789 5	96.77

综上可知，扫描法检测表面缺陷可定位缺陷，表面缺陷对表面波的影响比对体波的影响大，且表面缺陷对声波的散射能力随着表面缺陷深度的增大而增大。

8.3.2　表面缺陷处声波信号频域分析

通过 LU-Scan 软件设置自动扫查轴 Y 轴的扫查步长、扫查距离和扫查方向，分别实现对具有不同深度表面缺陷的铝板样品测量，扫描结果如图 8.12 所示。

如图 8.12 所示，图中①表示激发点与接收点在缺陷同侧，接收到的信号为直达表面波，能量较强，在图中显示颜色较深；图中②表示激发点与接收点为缺陷同侧时，接收到的信号为缺陷反射表面波，能量小于直达表面波，在图中显示颜色浅于①；图中③表示激发点与接收点在缺陷两侧，声波传播至表面缺陷处发生散射和反射效应，导致接收到的表面波能量较小，在图中显示颜色较浅；①与③的交接点表示表面波在缺陷处会发生散射和反射效应，此处应为表面缺陷的位置。

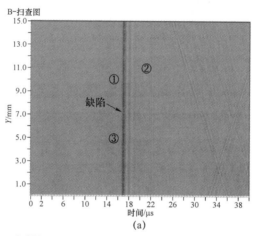

(a)

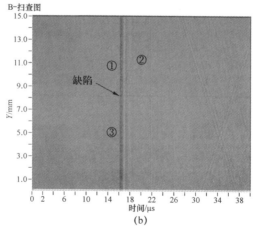

(b)

图 8.12　B-Scan 扫描图

（a）缺陷深度 $T=0.08$ mm 的扫描图；（b）缺陷深度 $T=0.1$ mm 的扫描图

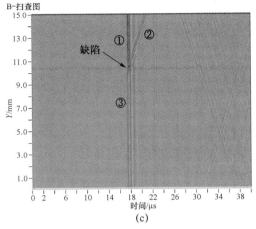

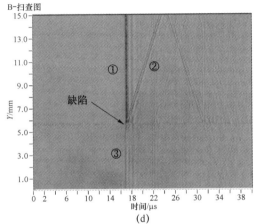

图 8.12　B-Scan 扫描图（续）

（c）缺陷深度 $T＝0.3$ mm 的扫描图；（d）缺陷深度 $T＝0.5$ mm 的扫描图

从图 8.12 可以看出：激光激发超声能量相同时，缺陷深度越大，透射波的能量越弱；透射波的能量是随着缺陷深度的变化而变化的。

根据采集到的数据可以得到激发点与接收点在不同位置处的超声信号，如图 8.13 所示，其中（a）为激发点与接收点在缺陷的两侧；（b）为激发点与接收点在缺陷的同侧。对其信号进行频谱分析，得到如图 8.14 和图 8.15 所示的频谱图。

由图 8.13 脉冲回波法时域图可以看出，波形发生突变，这说明经过缺陷位置；从不同缺陷深度的幅值大小可以看出，缺陷深度越大，幅值变化越大。

由图 8.14 可以得到：当 $T＝0.08$ mm 时，透射波的频谱在 $10\sim60$ MHz；当 $T＝0.1$ mm 时，透射波的频谱在 $10\sim50$ MHz；当 $T＝0.3$ mm 时，透射波的频谱在 $10\sim30$ MHz；当 $T＝0.5$ mm 时，透射波的频谱在 $10\sim20$ MHz，因此可以总结出：随着缺陷深度的增加，透射波频谱的带宽会越来越窄，即缺陷深度越

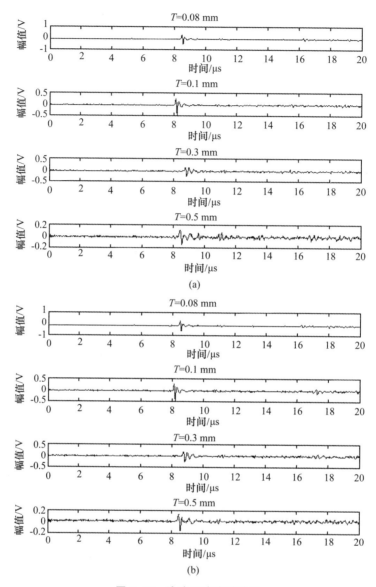

图 8.13　脉冲回波法时域图

（a）激发点与接收点在缺陷的两侧；（b）激发点与接收点在缺陷的同侧

大，其高频信号越弱，这表示缺陷深度越大，对其高频的截止作用越强。

　　由图 8.15 可以得到：当 $T=0.08$ mm 时，反射波的频谱在 2～4 MHz；当 $T=0.1$ mm 时，反射波的频谱在 1.9～4 MHz；当 $T=0.3$ mm 时，反射波的频谱在 1.8～4 MHz；当 $T=0.5$ mm 时，反射波的频谱在 1～4 MHz；缺陷深度不一样，缺陷反射波频谱图的低频位置也不同，分析后可知，随着缺陷深度的增加，所得缺陷反射波的低频越弱，表示缺陷深度越大，缺陷反射波的低频截止作用越强。

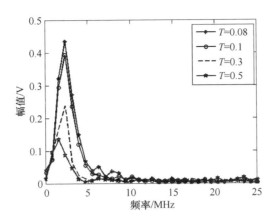

图 8.14　透射波的频谱

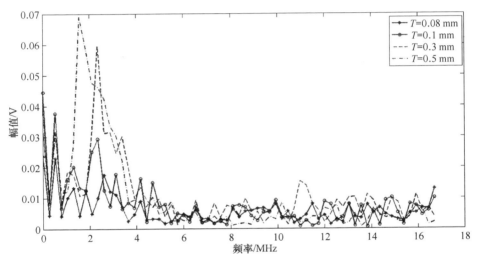

图 8.15　缺陷反射波频谱

8.4　透射法实验结果分析

8.4.1　声波传播特性分析

采用透射法检测表面缺陷时，激光激发声波信号在样品表面和内部传播情况如图 8.16 所示。

在图 8.16 中，L_1 表示从激发点到接收点的直达纵波；L_2 表示 L_1 经底面反射再经上表面反射的纵波；RL、RS 分别表示表面波 R 传播至缺陷处转换成的纵波和横波。

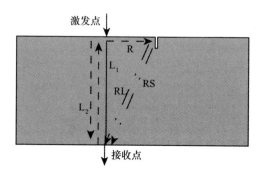

图 8.16 透射法波形传播

在入射脉冲激光的激发能量相同的前提下，针对表面缺陷深度 $T=0.5\,\mathrm{mm}$、$T=0.3\,\mathrm{mm}$、$T=0.1\,\mathrm{mm}$ 及 $T=0.08\,\mathrm{mm}$ 的四块铝板，使用透射法检测表面缺陷，移动样品扫描所得的 B-Scan 结果如图 8.17 所示。

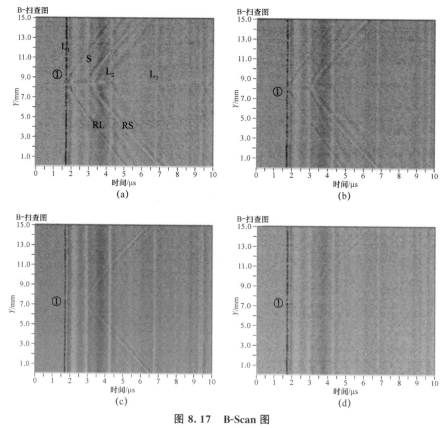

图 8.17 B-Scan 图

(a) $T=0.5\,\mathrm{mm}$; (b) $T=0.3\,\mathrm{mm}$; (c) $T=0.1\,\mathrm{mm}$; (d) $T=0.08\,\mathrm{mm}$

由图 8.17 (a) 可得：$t=1.65\,\mu\mathrm{s}$ 对应的直线，根据工件厚度判断为直线 L_1；与该直线相交的直线，根据斜率判断为 RL；$t=4.20\,\mu\mathrm{s}$ 对应的直线是 L_2；$t=$

6.70 μs 对应的直线是 L_3；$t=2.95$ μs 对应的直线，根据工件厚度判断为横波 S；与该直线相交的直线，根据斜率判断为 RS。

可以得出结论：

（1）横波和纵波以及各散射波很容易被辨认。

（2）扫查时，随着样品的移动，裂纹掠过激发点与探测点，如图 8.17 中的①所示，由此判断缺陷位于距首个激发点约 8 mm 处。

（3）当缺陷深度不同时，纵波幅值几乎无变化。

（4）$T=0.08$ mm 样块的散射声波较弱，$T=0.1$ mm、$T=0.3$ mm 及 $T=0.5$ mm 样块的散射声波较强。

8.4.2　表面缺陷处声波信号频域分析

将 LU-Scan 软件的参数设置好，然后选择好 X 轴和 Y 轴，进行 B-Scan 扫描，本次为了方便对比分别对四种缺陷深度的铝板材料进行了测量。B-Scan 扫描后得到的透射法扫描结果如图 8.18 所示。

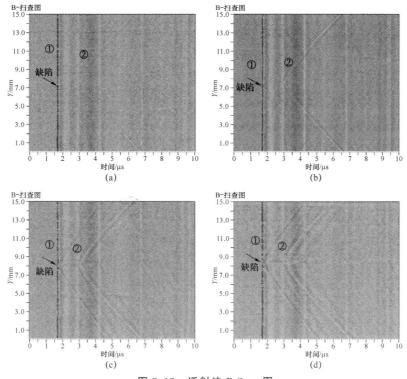

图 8.18　透射法 B-Scan 图

（a）透射法 $T=0.08$ mm 扫描图；（b）透射法 $T=0.1$ mm 扫描图；
（c）透射法 $T=0.3$ mm 扫描图；（d）透射法 $T=0.5$ mm 扫描图

本实验扫描方向为 Y 轴的负方向，定开始扫描的探测点为原点 O 进行扫描，在透射法测量时，图 8.18 中①表示在工件内部传播的纵波，图 8.18 中②表示在工件内部传播的横波。

可以得出结论：随着缺陷深度的增加，接收到的体波信号的能量并没有变化，即缺陷深度对体波影响不大；当表面波传播至缺陷处时，会发生波型转换，转换后的波的能量随着缺陷深度的增加而减弱。

采用透射法对四种深度缺陷样品扫描所得的时域图如图 8.19 所示，从上到下依次是 80 μm，100 μm，300 μm，500 μm 缺陷深度的时域图。然后对一次纵波进行频谱分析，所得的频谱图如图 8.20 所示。

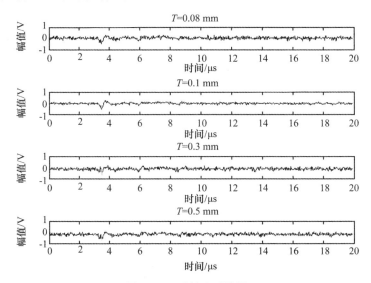

图 8.19　透射法时域图

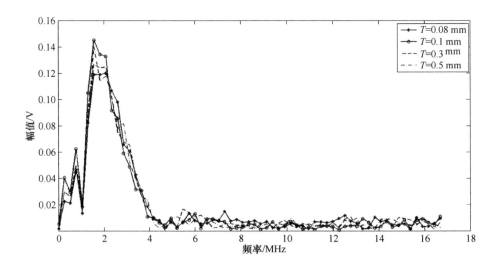

图 8.20　透射体波频谱

由频谱图分析可知，用透射法对样品进行扫描时，探测点接收到的纵波是不变的，如图 8.20 中 0～10 MHz，它的频谱几乎不受缺陷深度的影响，同样由 10 MHz 之后的频谱变化可以看出：四种经过不同深度缺陷的频谱变换杂乱无规则，可知用透射法对不同深度缺陷的样品扫描时，没有明显的区分特点。

8.5　激光超声对表面缺陷角度的识别与定位

热弹机制下，声表面波的方向性与聚焦光斑的空间分布有关，激光分别被聚焦成线光源和点光源，辐照到样品表面所产生的声表面波的方向性如图 8.21 所示，线源与点源激发的声表面波的方向性差别很大，线源激发的声表面波具有更强的指向性。因此，本次实验采用热弹机制下的线源激发超声信号。

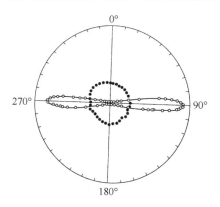

图 8.21　热弹机制下声表面波的方向性
o—线源聚焦；·—点源聚焦

8.5.1　实验研究

1. 实验装置及样品

激光超声检测金属材料表面裂纹主要包括激光发射单元、激光超声接收单元以及信号采集与处理单元，如图 8.22 所示。搭建的激光超声检测表面微裂纹角度实验平台如图 8.23 所示。

激光激发超声单元采用 CFR200 激光器，属于 Nd∶YAG 固体激光器，发射的激光波长为 1 064 nm，重复频率为 20 Hz，脉宽为 11 ns，激光通过焦距为 100 mm 线聚焦透镜聚焦成线源照射到样品表面。激光超声接收单元采用 QUARTET-500 mV 激光超声接收仪，它是基于迈克尔逊干涉仪原理来接收超声信号的，且采用的激光波长为 532 nm，干涉头上采用焦距为 300 mm 点聚焦透镜。扫查架行程为 250 mm×250 mm，分辨率为 6 μm，可以实现水平及垂直方向

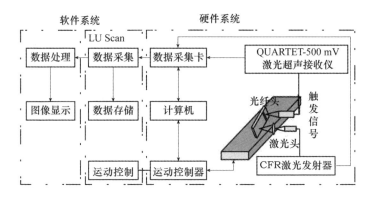

图 8.22　激光超声检测实验框图

图 8.23　实验平台

的扫描。通过 LU-Scan 软件设置采样频率及扫查距离、步长及方向，并实现数据的采集及存储。

本次实验的待检测样品为三块具有不同倾斜角度的表面裂纹的铝试件，如图 8.24 所示，样品及表面裂纹的尺寸如图 8.25 所示，其中，α 表示表面裂纹的倾斜角度，分别为 45°、60° 及 90°。

图 8.24　实验样品

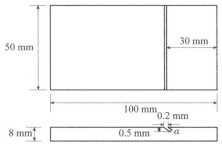

图 8.25　实验样品尺寸

2. 实验方法

本次针对具有不同倾斜角度表面缺陷的铝试件，采用扫描法来实现激光超声对表面裂纹的检测，实验原理如图 8.26 所示。通过固定激发点与探测点间距离 d 为 12 mm，且探测点与缺陷左边沿距离 a 为 7 mm，移动样品使激发点和探测点与缺陷的相对位置如图 8.26 中的位置Ⅰ、Ⅱ及Ⅲ所示。扫查参数为：数据的采样时长为 20 μs，采样点数为 1 000，扫查步长为 0.05 mm，扫查距离为 30 mm。

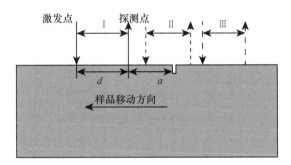

图 8.26　实验原理

8.5.2　实验结果与讨论

1. B-Scan 分析

采用扫描法分别对三块具有不同倾斜角度 α 的表面裂纹进行激光超声检测，所得 B-Scan 结果如图 8.27 所示。图 8.27（a）、8.27（b）、8.27（c）分别为倾斜角度 α 为 60°、45°、90°时所得的 B-Scan 结果。图中彩色深度值代表接收到样品垂直方向信号幅值的大小，且不同模式的超声波由于速度差异构成斜率不同的直线。

在扫描过程中，随着样品的移动，缺陷先掠过探测点，如图 8.27（a）、8.27（b）、8.27（c）中位置①，在 $t = 4.54$ μs 时，从开始扫描处到位置①处表示激发点和探测点与缺陷的相对位置如图 8.26 区域Ⅰ时所接收到的直达表面波，没有经过缺陷，信号强；随后缺陷掠过激发点，如图 8.27 中位置②，位置①到位置③处表示激发点和探测点与缺陷的相对位置如图 8.26 区域Ⅱ时所接收到的透射表面波，经过缺陷，缺陷与表面波有散射及反射效应，信号明显减弱；位置②到扫描结束处表示激发点和探测点与缺陷的相对位置如图 8.26 区域Ⅲ时所接收到的直达表面波，没有经过缺陷，信号强。由图 8.27 可判断缺陷位于距首个探测点 7 mm 处，将图 8.27（a）、图 8.27（b）与图 8.27（c）相比较，图 8.27（a）与图 8.27（b）中在开始扫描到缺陷掠过探测点，表面波没有发生模式转换，而图 8.27（c）中有模式转换波，可得到，α 有一定的度数与 90°时信号有差别，从而可以判断表面裂纹是否具有角度，但是比较图 8.27（a）与图 8.27（b），并不能得到关于表面裂纹的倾斜角度的相关信息，因此对接收到的信号进行频谱分析。

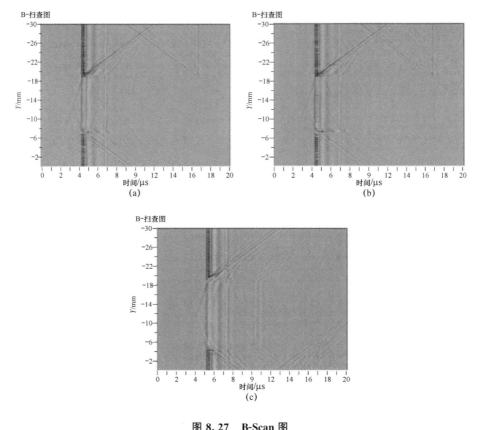

图 8.27　B-Scan 图

(a) $\alpha=60°$；(b) $\alpha=45°$；(c) $\alpha=90°$

2. 频谱分析

从三块样品的频域进一步对实验结果进行分析，可粗略得到关于裂纹的其他尺寸。在所接收到的信号中，主要包含有直达表面波、透射表面波和缺陷反射表面波。

当激发点与探测点在表面裂纹的同侧时，针对三块样品检测所得的直达表面波信号做频谱变换，直达表面波信号如图 8.28（a）、8.28（b）和 8.28（c）所示，频谱如图 8.29 所示。

由图 8.29 可得，对三块样品的激发点与探测点在缺陷的同侧时，直达表面波的中心频率都是 1.953 MHz，且带宽都为 0～6 MHz，所以，表面裂纹的倾斜角度对直达表面波的频谱几乎无影响。

当激发点与探测点在表面裂纹的同侧时，针对三块样品检测所得的缺陷反射表面波信号做频谱变换，直达表面波信号如图 8.30（a）、图 8.30（b）和图 8.30（c）所示，频谱图如图 8.31 所示。

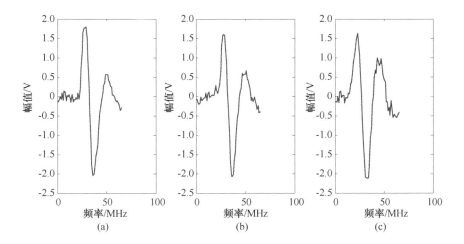

图 8.28　直达表面波信号时域波形

（a）$\alpha=60°$；（b）$\alpha=45°$；（c）$\alpha=90°$

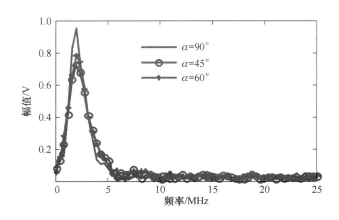

图 8.29　直达表面波频谱

由图 8.31 可知，表面裂纹倾斜角度 α 为 60°、45°和 90°时，得到的缺陷反射波的中心频率分别为 2.929 MHz、2.344 MHz 和 1.953 MHz，带宽分别为 0～6.315 MHz、0～5.859 MHz、0～4.688 MHz，由此可得：当表面裂纹的倾斜角度变大时，缺陷反射表面波的频率会向高频偏移，且带宽明显变宽；由波长频率关系可以判断出，缺陷处反射表面波的波长越小，缺陷对表面声波散射能力强（90°除外）。对透射表面波信号的频谱与直达表面波信号的频谱进行比较，缺陷反射表面波的低频较弱。

当激发点与探测点在表面裂纹的两侧时，三块样品检测所得的透射表面波信号如图 8.32（a）、图 8.32（b）和图 8.32（c）所示，频谱如图 8.33 所示。

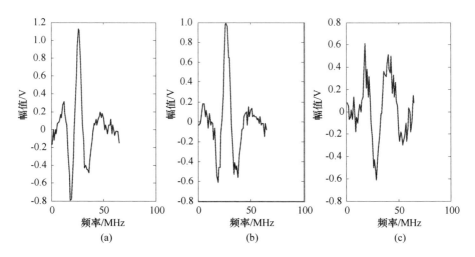

图 8.30 缺陷反射表面波信号时域波形

（a）$\alpha=60°$；（b）$\alpha=45°$；（c）$\alpha=90°$

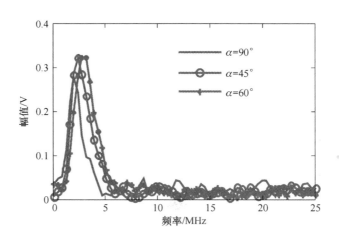

图 8.31 缺陷反射表面波频谱

由图 8.33 可知，表面裂纹倾斜角度 α 为 60°、45°、90°时，得到的透射表面波信号的带宽分别为 0～3.125 MHz，表面裂纹的倾斜角度对透射声波频谱无较大影响。但 α 为 90°时，缺陷对信号的散射强，使透射信号的幅值降低。对三块样品的透射表面波信号的频谱与直达表面波信号的频谱进行比较，分别高于 1.953 MHz、2.344 MHz 及 2.734 MHz 的超声频谱明显衰减，高频超声分量被裂纹反射或散射，说明裂纹对表面波具有高频截止作用，表面裂纹倾斜角度越大，对高频的截止范围越小，穿过表面裂纹的波长越大（90°除外）。

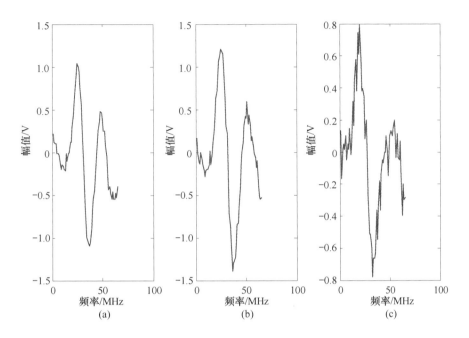

图 8.32　透射表面波信号时域波形

（a）α＝60°；（b）α＝45°；（c）α＝90°

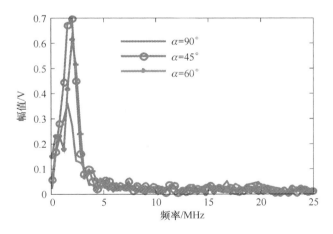

图 8.33　透射表面波频谱

8.6 本章总结

激光超声检测技术是目前国际上超声检测技术的研究热点。本书理论仿真了激光超声的作用过程，得到了在带有表面损伤样品表面分布的温度场和应力场；搭建了激光超声表面损伤检测实验平台。

实验结果表明：

（1）扫描法可快速实现表面缺陷的定位，通过对声学信号的时域和频域分析可实现表面缺陷的深度检测。

（2）根据激光超声产生丰富波型以及不同波型具有不同指向性，可实现表面倾斜缺陷角度的测量。激光超声检测技术操作简单、方便、检测速度快且波型丰富，可以被广泛地应用到工业检测中。

参 考 文 献

[1] Delsanto P P, Scalerandi M. A spring model for the simulation of the propagation of ultrasonic pulses through imperfect contact interfaces [J]. The Journal of the Acoustical Society of America, 1998, 104 (5): 2 584-2 591.

[2] Korshak B A, Solodov I Y, Ballad E M. DC effects, sub-harmonics, stochasticity and "memory" for contact acoustic nonlinearity [J]. Ultrasonics, 2002, 40 (1): 707-713.

[3] Solodov I Y, Krohn N, Busse G. CAN: an example of nonclassical acoustic nonlinearity in solids [J]. Ultrasonics, 2002, 40 (1): 621-625.

[4] Pecorari C, Pozni ć M. Nonlinear acoustic scattering by a partially closed surface-breaking crack [J]. The Journal of the Acoustical Society of America, 2005, 117 (2): 592-600.

[5] Pecorari C. Nonlinear interaction of plane ultrasonic waves with an interface between rough surfaces in contact [J]. The Journal of the Acoustical Society of America, 2003, 113 (6): 3 065.

[6] Pecorari C. Spring boundary model for a partially closed crack [J]. International Journal of Engineering Science, 2008, 46 (2): 182-188.

[7] Baik J M, Thompson R B. Ultrasonic scattering from imperfect interfaces: a quasi-static model [J]. Journal of Nondestructive Evaluation, 1984, 4 (3-4): 177-196.

[8] Greenwood J A, Williamson J B P. Contact of nominally flat surfaces [J]. Proceedings of the Royal Society of London. Series A. Mathematical and Physical Sciences, 1966, 295 (1 442): 300-319.

[9] Gusev V, Castagnede B, Moussatov A. Hysteresis in response of nonlinear bistable interface to continuously varying acoustic loading [J]. Ultrasonics, 2003, 41 (8): 643-654.

[10] 李海洋，安志武，廉国选，等．粗糙接触界面超声非线性效应的概率模型

［J］. 声学学报，2015（2）：247-253.

［11］ Ohara Y，Mihara T，Yamanaka K. Effect of adhesion force between crack planes on subharmonic and DC responses in nonlinear ultrasound ［J］. Ultrasonics，2006，44（2）：194-199.

［12］ 李海洋，彭东立，许伟杰. 窄带多普勒测流技术估计方差下界研究 ［J］. 声学技术，2013，32（2）：96-100.

［13］ 陈友兴，刘蔺慧，吴其洲，等. 基于边界相切拟合的轴对称工件缺陷重构方法 ［J］. 火力与指挥控制，2017，42（11）：126-130.

［14］ 颜丙生，吴斌，何存富. 利用非线性瑞利波检镁合金厚板疲劳损伤的仿真和试验研究 ［J］. 机械工程报，2011，47（18）：7-14.

［15］ 税国双，汪越胜. 金属材料表面涂层损伤的非线性超声评价 ［J］. 固体火箭技术，2012，35（5）：703-706.

［16］ 李海洋，潘强华，王召巴. 金属表面疲劳损伤的非线性 Rayleigh 波检测方法 ［J］. 无损检测，2018，40（8）：34-38.

［17］ 高翠翠，李海洋，史慧扬，等. 针对钢腐蚀疲劳损伤的非线性 Rayleigh 波检测技术研究 ［C］. 声学技术，2017，36（6）：56-59.

［18］ Herrmann J，Kim J Y，Jacobs L J，et al. Assessment of material damage in a nickel-base superalloy using nonlinear Rayleigh surface waves ［J］. Journal of Applied Physics，2006，99（12）：124 913-124 918.

［19］ Walker S V，Kim J Y，Qu J，et al. Fatigue damage evaluation in A36 steel using nonlinear Rayleigh surface waves ［J］. Ndt & E International，2012，48（2）：10-15.

［20］ 李海洋，高翠翠，史慧扬，等. Q235 钢疲劳损伤的非线性 Rayleigh 波检测技术研究 ［J］. 中国测试，2018，44（4）：37-41.

［21］ 高翠翠，李海洋，王召巴. 针对钢腐蚀疲劳损伤的非线性瑞利波检测方法 ［J］. 科学技术与工程，2018，18（1）：207-211.

［22］ AnZhiwu，Wang Z，Li Haiyang，et al. Modeling of harmonic measurement radiated by a plane circular piston in fluids ［C］. Piezoelectricity，Acoustic Waves，and Device Applications（SPAWDA），2016 Symposium on. IEEE，2016：288-292.

［23］ Jones G L，Kobett D R. Interaction of elastic waves in an isotropic solid ［J］. The Journal of the Acoustical Society of America，1963，35（1）：5-10.

［24］ Korneev V A，Demčenko A. Possible second-order nonlinear interactions of plane waves in an elastic solid [J]. The Journal of the Acoustical Society of America，2014，135（2）：591-598.

[25] Dem čenko A，Mainini L，Korneev V A. A study of the noncollinear ultrasonic-wave-mixing technique under imperfect resonance conditions [J]. Ultrasonics，2015，57：179-189.

[26] Haiyang Li，Z An，G Lian，X Wang. The non-collinear mixing method for the detection of the material fatigue [C]. The 21st International Congress on Sound and Vibration. 13-17 July，2014，Beijing/China

[27] Chen Z，Tang G，Zhao Y ，et al. Mixing of collinear plane wave pulses in elastic solids with quadratic nonlinearity [J]. Journal of the Acoustical Society of America，2014，136（5）：389-404.

[28] Tang G，Liu M，Jacobs L J，et al. Detecting plastic strain distribution by a nonlinear wave mixing method [C] // American Institute of Physics，2013：1204-1211.

[29] Tang G，Liu M，Jacobs L J，et al. Detecting localized plastic strain by a scanning collinear wave mixing method [J]. Journal of Nondestructive Evaluation，2014，33（2）：196-204.

[30] 焦敬品，孙俊俊，吴斌，等 . 结构微裂纹混频非线性超声检测方法研究[J]. 声学学报，2013，38（6）：648-656.

[31] 赵友选 . 含微裂纹结构的超声非线性检测机理与表征 [D]. 成都：西南交通大学，2015.

[32] Li H Y，An Z W，Lian G X，et al. Detection of plastic zone at crack tip by non-collinear mixing method [C]. 2014 Symposium on Piezoelectricity，Acoustic Waves，and Device Applications，Oct. 30-Nov. 2，Beijing，China.

[33] 李海洋 . 疲劳损伤的非线性超声评价 [D]. 北京：中国科学院大学，2015.

[34] N Tandon ，A Choudhury. A review of vibration and acoustic measurement methods for the detection of defects in rolling element bearings [J]. Tribology International，1999，32：469-480.

[35] D Mba，Raj B. K. N. Rao. Development of acoustic emission technology for condition monitoring and diagnosis of rotating machines：bearings，pumps，gearboxes，engines，and rotating structures [J] . The Shock and Vibration Digest，2006，38（1）：3-16.

[36] 李孟源，尚振东，蔡海潮，等 . 机械设备的声发射诊断技术 [M]. 北京：科学出版社，2010.

[37] J Kaiser. Untersuchungen über das Auftreten von Geräuschen beim Zugversuch [D]. Technische Hochschule München，Germany，1950.

[38] Brouillard T F. Introduction to acoustic emission [J]. Materials Evaluation，1988，46 (7)：174-180.

[39] Green A T，Lockman C S，Steele R K. Acoustic verification of structural integrity of polaris chambers [J]. Mordern Plastics，MOPLAY，1964：41 (11)：137-139，178，180.

[40] Dunegan H L. Acoustic emission：a promising technique [M]，Report UCID-4643，Lawkence Radiation Laboratory，Livermore，Califomia，December 9，1963.

[41] Parry D L. Nodestructive flaw detection by use of acoustic emission [M]，Report IDO-17230，Phillips Petroleum Co. Idaho Falls，Idaho，May，1967.

[42] Ouyang C，Landis E，Shah S P，Detection of microcracking in concrete by acoustic emission [J]. Experimental Techniques，1991，15 (3)：24-28.

[43] Ouyang C，Landis E，Shah S P，Damage assessment in concrete using quantitative acoustic emission [J]. Journal of Engineering Mechanics，1991 (117)：2 681-2 698.

[44] Ohtsu M. History and development of acoustic emission in concrete engineering [J]. Magazine of Concrete Research，1996：48 (177)：321-330.

[45] Ohtsu M. Estimation of crack and damage progression in concrete by quantitative acoustic emission analysis emission analysis [J]. Materials Evaluation，1999：57 (5)：521-525.

[46] Green A T，Lockman C S，Steele R K，Acoustic verification of structural integrity of Polaris Chambers [J]. Morden Plastics，1964，41 (11)：137-139.

[47] Egle D M，Tatro C A. Analysis of acoustic-emission strain waves [J]. J. Acoust. Soc. Am，1967：41，321-328.

[48] Hyunjo Jeong，Young-Su Jang. Wavelet analysis of plate wave propagation in composite laminates [J]. Composite Structures，2000 (49)：443-445.

[49] M. Elforjani，D. Mba. Accelerated natural fault diagnosis in slow speed bearings with acoustic emission [J]. Engineering Fracture Mechanics，2010，77 (1)：112-127.

[50] 张颖，苏宪章，刘占生. 基于周期性声发射撞击计数的滚动轴承故障诊断 [J]. 轴承，2011 (6)：38-41.

［51］ 曲弋，陈长征，周昊，等 . 基于声发射和神经网络的风机叶片裂纹识别研究［J］. 机械设计与制造，2012（3）：152-154.

［52］ Luo S T，Tan X L，Pan M C，et al. Progress of laser-generated ultrasonic non-destructive testing technology［J］. Proceedings of SPIE - The International Society for Optical Engineering，2011，8192（3）：155.

［53］ 李海洋，李巧霞，王召巴，等 . 圆管构件螺纹处缺陷的激光超声定位检测［J］. 光学与电子学进展，2018，38（10）：49-53.

［54］ 李海洋，李巧霞，王召巴 . 针对金属表面裂纹角度的激光超声检测［J］. 国外电子测量技术，2018（05）：95-99.

［55］ 李海洋，李巧霞，王召巴，等 . 基于激光超声临界频率的表面缺陷检测与评价［J］. 光学学报，2018（38）：95-99.

［56］ 李巧霞，李海洋，王召巴，等 . 针对金属表面缺陷深度的激光超声检测研究［J］. 测试技术学报，2018，32（01）：81-85.

［57］ 李海洋，王召巴，潘强华 . 激光超声用于材料表面微小损伤的定位检测与传播特性分析［J］. 国外电子测量技术，2018（6）：104-108.

［58］ 邓博文，王召巴，金永，等 . 基于形态学梯度的激光扫描点云特征提取方法［J］. 激光与光电子学进展，2018（5）：239-245.

［59］ Arias Irene，Achenbach J D. A model for the ultrasonic detection of surface-breaking cracks by the scanning laser source technique［J］. Wave Motion，2004，39（1）：61-75.

［60］ 倪辰荫 . 扫描激光源法激发声表面波用于金属表面裂纹检测的研究［D］. 南京：南京理工大学，2010.

［61］ 王敬时，徐晓东，刘晓峻，等 . 利用激光超声技术研究表面微裂纹缺陷材料的低通滤波效应［J］. 物理学报，2008，57（12）：7765-7769.

［62］ Ruiz A，Nagy P B. Laser-ultrasonic surface wave dispersion measurements on surface-treatedmetals［J］. Ultrasonics，2004，42（1-9）：665-669.

［63］ 宋毅，王召巴，李海洋，等 . 悬浮液浓度粒度测量的优化算法［J］. 测试技术学报，2016，30（6）：491-495.